Streifzüge an der Riviera

Eduard Strasburger

Alpha Editions

This edition published in 2022

ISBN : 9789356903234

Design and Setting By
Alpha Editions
www.alphaedis.com
Email - info@alphaedis.com

Contents

Vorwort.

Während graue Winternebel das Rheinthal füllten, schrieb ich diese Zeilen nieder. Welch' ein Glück, daß auch an trüben Tagen die Phantasie uns über die Wolken zu erheben vermag. Oft war es mir, als leuchte die Sonne hell in meinem Innern, während es draußen dunkel war. Dann sah ich vor mir die blaue See, an ihren Ufern die steil abfallenden Felsen und in weiter Ferne die hohe Alpenkette mit ihrem Diadem von Schnee. Sie spiegelten sich in meinem Geiste wider die leuchtenden Ufer des Mittelmeeres und zauberten mir goldigen Sonnenschein und würzigen Duft der Maquis in grauen Stunden vor. So mögen denn diese Zeilen auch in fremder Seele Frühlingsempfindungen wecken, während es draußen noch schneit und friert.

Bonn 1895.

Frühjahr 1891.

I.

Es war Mitte März: Wir erwarteten sonniges Frühlingswetter, und doch regnete es an der Riviera. Unaufhörlich schlugen die Regentropfen gegen die Scheiben, heftig oder gelinde, doch ohne Ende, so daß auch die Tage endlos erschienen.

Mißmuthig hatte man das Buch aus der Hand gelegt, die Unterhaltungen stockten. Bittere Klagen wurden über das Wetter laut. So Mancher war über die Alpen geeilt in der sicheren Erwartung, jenseits derselben den viel gepriesenen ewig blauen Himmel zu schauen; er hatte gehofft, den nahenden Vollmond in den Fluthen des Mittelmeeres sich spiegeln zu sehen, und nun wurde all' sein Sehnen und Trachten zu Wasser. – Ich selbst, der ich oft schon den Frühling in Italien zugebracht hatte, faßte die Sachlage weit ruhiger auf. Wußte ich doch, daß auch in Italien die Regenzeit auf das Frühjahr fällt. Würden die Felder und Gärten Italiens nicht im Spätherbst und Frühling mit Regen getränkt, wie sollten sie Früchte tragen? Herrscht doch in den übrigen Jahreszeiten meist die größte Dürre. Was mich veranlaßt, trotz dieser scheinbar wenig günstigen Aussichten, doch immer wieder gerade im Frühjahr über die Alpen zu ziehen, das ist die Sehnsucht nach grünen Fluren und belaubten Bäumen, nach etwas Sonne und Wärme; die Zuversicht, am Mittelmeer doch mildere Witterung als im Norden zu finden, die Hoffnung, dort auch manchen sonnigen Tag, ja bei einigem Glück eine ganze Reihe solcher Tage zu erleben. Nach dem langen, kahlen, kalten nordischen Winter wirkt der Contrast am stärksten; man freut sich über das kärglichste Grün, nimmt dankbar jeden Sonnenstrahl entgegen, während schon Mancher zur Herbstzeit in der sonnverbrannten lombardischen Ebene sich nach den saftreichen Matten und dem üppigen Baumwuchs der Alpen zurücksehnte. Der Herbst pflegt auch in unseren Breiten schön zu sein, während unser März- und Aprilwetter mit Recht berüchtigt ist. So kam es auch in diesem Frühjahr; denn während Briefe und Zeitungen uns Kunde von Schnee und Kälte von jenseits der Alpen brachten, hatten wir uns am Mittelmeer alsbald des herrlichsten Sonnenscheins zu erfreuen. Ganz besonders schön wurde es um die Osterzeit. Himmel und Erde zogen ihr Festkleid an, um sich in unsterbliche Pracht zu hüllen. Der Ostersonntag fand mich in Bordighera. Vor Tagesanfang brach ich auf, um den Monte Nero zu besteigen. Doch blieb ich bald gefesselt am Cap d'Ampeglio stehen und wartete dort den Sonnenaufgang ab. Geisterhaft verklärt tauchte Corsica in weiter Ferne auf; vorn aber folgte das entzückte Auge der reichgegliederten Küste, die im weiten Bogen das Meer umfaßt, als wolle sie es liebevoll an sich schließen. Der Osten war stark geröthet, und dieser purpurne Schein färbte in glühenden Tönen die Kämme der stahlblauen Wellen. Kein Wölkchen trübte das Himmelsgewölbe, das aus tiefstem Blau durch zartes Grün sich gegen die Meeresfläche senkte. Plötzlich tauchte der rothe Sonnenball am Horizont empor und sandte seine feurigen Strahlen über das weite Meer, als wenn er es entzünden sollte. Und tausend Lichter drangen in die tiefen Buchten des Strandes, in die dunklen Thäler der Küste ein, um aus denselben die Schatten der Nacht zu verscheuchen. Hell blitzten in weiter Ferne, wie von Feuersbrunst erfaßt, die Häuser von Monaco auf, und selbst das entfernte Antibes warf lange, goldige Strahlen der Sonne als Morgengruß zurück. Ueberall war es wie ein Aufflammen, ein Erwachen, und gleich einem Jubelruf tönte es durch die ganze Natur. So feierten an jenem Morgen Himmel und Erde am blauen Mittelmeer das Fest der Auferstehung! Ich war in dieses Schauspiel wie verloren und merkte nichts von dem Schwinden der Zeit. So kam es, daß die Sonne schon hoch am Himmel stand, als ich die Weiterwanderung antrat. Die ganze Meeresfläche glitzerte jetzt von unzähligen Lichtern, als wäre sie mit Diamanten übersäet; das ferne Corsica löste sich allmälig in einem Nebelstreifen auf, als wäre es nur ein Traumbild gewesen. Vor mir, am Cap d'Ampeglio, lag Alt-Bordighera, schon ganz in Sonnengluth getaucht.

Zwei Stunden sind nöthig, um den Monte Nero zu besteigen. Diese Angabe wurde mir freilich nur nach Hörensagen gemacht, denn die Wenigsten sind dort oben jemals gewesen. Ohne zwingenden Grund besteigt der Eingeborene hier selten einen hohen Berg; nur eine Leidenschaft, die der Jagd, vermag ihn in so hohe Regionen zu treiben, ungeachtet er auch dort oben nur winzige Vögel findet, um seine Waidmannslust zu stillen.

Auf einen wirklich ortskundigen Mann war ich bei allen Nachforschungen über den Monte Nero nicht gestoßen, und so geschah es, daß ich eigene Erfahrungen erst sammeln mußte. Es zeigte sich, daß der ganze Gipfel des Berges dicht bewaldet ist und weder die gepriesene Fernsicht noch irgend welchen freien Ausblick gewährt. Reichliche Entschädigung fand ich aber für die Mühe an dem nördlichen, vom Meere abgekehrten Abhang des Berges. Als ich dort abzusteigen begann, gelangte ich alsbald auf einen Sattel, der den Monte Nero von dem höheren Monte Caggio trennt. Hier konnte, von einzelnen waldfreien Stellen aus, der Blick sich ungestört in die tiefeingeschnittenen Thäler versenken, über sanfte Hügelketten schweifen, den lang gedehnten Strand erreichen und sich in dem weiten Meer verlieren. Jenseits des Grates, der das lange Dorf Colla di Rodi trägt, tauchte im Osten ein Theil von San Remo hervor. Im Nordwesten wurde das Auge durch die schneebedeckten Häupter mächtiger Riesen der Seealpen gefesselt. In wunderbarer Klarheit setzten die blendend weißen Schneemassen von dem dunklen Blau des Himmels ab, während nach abwärts das dunkle Grün der Föhren, das dem Monte Nero seinen Namen gibt, sich durch helleres Grün der Oliven bis zum Blau des Meeres abtönte. Nur wenige Landschaften, auch in Italien, gibt es, welche diese an Schönheit übertreffen. Vereinigt doch dieses Bild Alles, was berufen scheint, unser Auge zu entzücken, unseren Verstand zu fesseln, unsere Einbildungskraft anzuregen. Der Anblick der Schneefelder oben in den Alpen hatte dem Flug meiner Gedanken die Richtung nach Norden gegeben. Jenseits dieser Berge mochte noch grimmige Kälte herrschen; hier, südlich von den Alpen, war der Sieg des Frühlings über den Winter lange schon errungen, so daß der Klang der Osterglocken, der aus den Thälern zum Monte Nero emporstieg, nur der Freude zu gelten schien.

Der schöne Garten vor dem Hôtel Angst stand in voller Blüthe; die Beete glichen großen Blumenkörben. Ueppige Sträucher des capischen Pelargoniums hatten überall ihre zinnoberrothen Blüthen entfaltet. Der peruanische Heliotrop kletterte am Hause empor und erfüllte die Luft mit vanilleartigem Wohlgeruch. Es gesellten sich zu diesem die Düfte von Nelken, Reseda und von gelben Theerosen. Die Blätter immergrüner Bäume leuchteten im Garten von Licht überfluthet; sie warfen auf die Wege dunkelblaue Schatten. Unter den Palmen saß ein junges Ehepaar, das ich bei der Heimkehr begrüßte. Ihm ward das Glück zu Theil, seine Flitterwochen am Mittelmeer zu feiern. Jener sonndurchglühte, blumenreiche Ostersonntag, an welchem die Natur alle ihre Schätze so verschwenderisch über die Riviera ausgeschüttet hatte, wird diesem Paar wohl einer der höchsten Feiertage des ganzen Lebens bleiben.

Nicht weniger als vier Thäler münden in die schmale Ebene, die sich längs des Meeres vom Cap von Ampeglio bis nach Ventimiglia hinzieht. Daher lassen sich von Bordighera zahlreiche Ausflüge unternehmen, täglich fast mit neuer Abwechselung. Da man im Hôtel Angst zugleich vorzüglich aufgehoben ist, wird man seinen Aufenthalt in Bordighera gerne verlängern. Ob Bordighera auch eine geeignete Station für Brustkranke ist, vermag ich nicht zu beurtheilen. Seiner ins Meer weit vorgeschobenen Lage wegen ist der Ort den Winden stark ausgesetzt, doch streifen diese Winde ganz vorwiegend über das Meer, sind daher weniger kalt und trocken als an vielen anderen Plätzen der Riviera. Es herrscht somit in Bordighera die Seeluft vor, welche auf Reisende, die nur Erholung suchen – und deren Zahl wird an der Riviera alljährlich größer – sehr anregend und belebend wirkt.

Keinesfalls dürfte man, selbst bei kurzem Aufenthalt, in Bordighera es versäumen, einen Ausflug nach Sasso zu unternehmen. Sasso ist ein kleines Dorf, auf dem Bergrücken gelegen, der die Thäler von Sasso und von Borghetto trennt. Der Ort liegt nur vier Kilometer von Bordighera entfernt, und man erreicht ihn sowohl durch das Thal von Sasso, das östlich von Bordighera mündet, als auch dem Bergrücken folgend, auf dem Alt-Bordighera steht. In dem Ort selbst ist nichts zu bewundern: schön erscheint er nur aus der Entfernung. Seine hohen, zu einer Masse verschmolzenen, nach außen nur von wenigen Fenstern durchbrochenen Häuser rufen den Eindruck einer einzigen gewaltigen Festung hervor. Besonders malerisch ist der Blick auf Sasso von dem Wege aus, der zwischen alten Olivenbäumen oben dem Bergrücken entlang läuft. Er überrascht uns ganz plötzlich an einer Straßenwendung, nachdem der steile Pfad die Höhe erklommen hat. Von zahlreichen Stellen des Weges überschaut der Wanderer alsdann die beiden Thäler von Sasso und von Borghetto; er kann mit dem Blick auch weiter dringen bis in das Thal von Vallecrosia, während ihm gleichzeitig über den nahen Hügelreihen die schneebedeckten Häupter der Seealpen entgegenleuchten. – Wie oft habe ich mich stundenlang an diesem Wege aufgehalten, von Zeit zu Zeit den Platz verändernd, um das Bild in anderer Umrahmung zu bewundern. Hier war es nur ein einziger phantastischer Schneepalast, der in lichtes Grün der Oliven gefaßt, mir entgegenstarrte; dort tauchte mein Blick tief in ein Thal hinab, um auf den dichtgedrängten Häusern einer buntscheckigen Ortschaft zu ruhen, oder es folgte auch mein Auge dem Lauf eines Baches, der, zwischen Oleanderbüschen versteckt, in zahlreichen Windungen dem Meer zueilte; oder es war wieder Sasso, welches über Baumwipfeln, wie in einem grünen Meer, zu schweben schien, oder endlich die tiefeingeschnittene Küste und das weite Meer, auf welchem der ermattete Blick Rast machen konnte. Welche Fülle von Motiven für den Landschaftsmaler! Ich mußte mich begnügen, die Bilder in mein Inneres aufzunehmen, wo sie freilich auch jetzt noch farbig-sonnigen Widerschein finden.

II.

Die Olivenhaine, durch welche man am Bergrücken entlang nach Sasso wandert, sind von seltener Schönheit: alte, knorrige Stämme, oft auf mehreren Füßen, wie auf Stelzen, in die Lüfte ragend. Man bleibt gern stehen, um einzelne dieser Bäume zu bewundern, erfreut sich dann auch des Gegensatzes, den die dunkel beschatteten Stämme gegen das leuchtende Blau des Himmels und des Meeres bilden. Zauberhaft schön ist es aber in einem solchen Olivenhain des Abends zu wandeln, wenn der Vollmond über dem Meere steht. Da glänzen so eigenartig die mattgrauen Blätter der Bäume, und es blitzt bei jedem Windhauch wie Silber aus den Zweigen. Auch der lange Mondstreifen im Meere scheint sich zu beleben, er wiegt sich auf den Wellen, folgt bebend ihrem Lauf und zerschellt mit ihnen am Strande zu leuchtendem Schaum.

Die Blüthezeit des Oelbaumes fällt in den Mai oder Juni. Dann ist er dicht bedeckt von kleinen, gelblichweißen Blüthen, die einen lieblichen Geruch verbreiten. Diese Blüthen erinnern an diejenigen unserer Rainweide, des *Ligustrum vulgare*, eines Strauches, der in Wirklichkeit auch dem Oelbaum nahe verwandt ist. Die Früchte des Oelbaums sind Steinfrüchte von länglich runder Gestalt. Die unreifen Früchte haben grüne Färbung, verschwinden daher im Laub; doch beim Reifen werden sie schwarzblau und treten dann scharf hervor. Ein alter Brauch verlangt, daß die Ernte der Oliven am 21. November beginne; sie dauert im Dezember fort. Ungünstige Witterungsverhältnisse können die Ernte an der Riviera freilich sehr verzögern. So kam es, daß im Frühjahr 1891 die meisten Bäume um Bordighera noch voll Oliven hingen. Manche Bäume waren mit Früchten so stark beladen, daß man das Laub kaum sehen konnte. Die Olivenernte war Anfang April in vollem Gange. Arbeiter und Arbeiterinnen zogen mit Säcken und Körben bepackt in den Olivenhain. Dort sah man die Männer auf die Bäume steigen und mit Stangen gegen die Aeste schlagen. Frauen und Kinder hockten am Boden, um die Früchte aufzulesen. Von allen Seiten schallte dem Wanderer der trockne Ton der Schläge aus den Bäumen entgegen, und überall unter den Bäumen ging die mühevolle Arbeit des Sammelns von statten. Stundenlang verharren die Sammler in gebückter Stellung, um die Oliven einzeln aufzuheben, und doch wäre es so einfach, sich einen großen Theil der Arbeit zu sparen. Westlich von Nizza legen die Olivenbauer große Tücher unter die Bäume und fangen die Oliven mit diesen auf. Freilich wird auch dort noch mit Stangen gegen die Zweige geschlagen, ungeachtet schon Plinius im ersten Jahrhundert nach Christi Geburt vor diesem rohen Verfahren warnt, da es die Bäume schädigt. Gegen althergebrachte Sitte ist eben schwer anzukämpfen, sie setzt zähen Widerstand jeder Neuerung entgegen. In Bordighera warten die Olivenbauer meist, bis ihre Oliven ganz reif sind. Ein großer Theil der Früchte ist dann schon von selbst vom Baum gefallen. Alles das wird zusammen von dem Boden aufgelesen und liefert ein entsprechend schlechtes Öl. Denn feine Tafelöle preßt man aus solchen Früchten, die erst zu reifen beginnen. Diese müssen auch mit der Hand vom Baume gepflückt werden, um weder Quetschung noch Verwundung zu erleiden. Aus solchen Früchten gewinnt man jene Öle, die wir als Provencer Öle bezeichnen. Der Provence entstammen sie freilich nur zum kleineren Theil, zum größeren Theil Italien. Dort ist es vornehmlich Apulien und zwar die Gegend südlich von Bari, welche diese feinen Sorten erzeugt. Sie liefert jetzt sehr gute Öle, während in der ersten Hälfte dieses Jahrhunderts das apulische Öl noch ebenso schlecht und ranzig schmeckte, wie andere süditalienische Sorten. Auch in Apulien betrieb man die Ernte der Oliven damals ganz lässig und verfügte nur über sehr schlechte Ölpressen. Charakteristisch genug, als das antike Modell einer Ölpresse in Pompeji aufgefunden wurde, begrüßte man es in Apulien als einen Fortschritt und führte es an verschiedenen Orten ein. – Von Bordighera bis zum Esterel wird vorwiegend nur geringwerthiges Öl gewonnen, das als Maschinenöl Verwendung findet oder der Seifenfabrikation dient; Nizza bezieht die feinen Öle, die es vertreibt, vorwiegend aus der Ferne.

Die Früchte, die man zum Zwecke feinster Ölgewinnung sorgsam pflückte, breitet man zunächst in dünnen Lagen auf Horden aus. Dort trocknen sie an der Luft oder bei künstlicher Wärme, bis sie runzlich werden. Haben sie einen Theil ihres Wassers in solcher Weise eingebüßt, so kommen sie in die Ölmühlen. Es sind das meist steinerne Behälter, in welchen die Oliven durch Mühlsteine zermalmt werden. Schon bei diesem Verfahren fließt etwas Öl ab, das als das feinste Tafelöl gilt, kaum aber in den Handel kommt. Der in der Mühle hergestellte Brei wird in Bast- oder Jutesäcke gefüllt und in einer Kelter gepreßt. Bei schwachem Druck fließt jetzt zunächst das beste, dann etwas weniger gutes Speiseöl ab. Dieses Oel wird als Jungfernöl *»huile vierge«* bezeichnet. Dann gelangen die Trester in hydraulische Pressen und liefern ein Öl, das der Seifenfabrikation oder auch gewerblichen Zwecken dient. Dann werden die Trester mit warmem Wasser angerührt und nochmals gepreßt, wandern schließlich oft noch in Fabriken, wo man ihnen den Rest ihres Öles durch chemische Mittel entzieht.

Das Speiseöl, das aus der Kelter fließt, muß sorglich geklärt werden, bevor es zum Verkauf gelangt. Man bringt es in dunkle kühle Räume, wo über einander die nöthigen Bottiche zur Aufnahme des Öls sich befinden. Das unklare Öl gelangt in das oberste Gefäß, fließt aus dem Spundloch desselben durch einen durchlöcherten Zinkkasten, der mit Watte ausgekleidet ist, in einen zweiten Bottich und aus diesem nochmals durch Watte in einen dritten. Die Watte muß am nämlichen Tage oft mehrfach erneuert werden. Aus dem dritten Bottich gelangt das Öl in Cisternen, die man in Nizza mit Porzellanplatten auszukleiden pflegt. Hier steht das Öl wohl an die drei Monate, bevor es in Flaschen gefüllt und versandt wird.

So überreife, abgeschlagene und am Boden faulende Oliven, wie wir sie in Bordighera hatten ernten sehen, können nur ranzige Öle ergeben. Die kleinen Besitzer, welchen die Ölhaine hier gehören, liefern ihre Früchte an fremde Mühlen ab und pflegen für die Pressung in Oliven oder in Öl zu zahlen. Aus den Ölpressen der Mühlen floß zur Zeit unseres Besuches eine Flüssigkeit ab, welche alle Bäche von Bordighera in braunen Tönen färbte. Bei ruhigem Wetter zeichnete sich die Mündungsstelle jedes Flüßchens als brauner Streifen ziemlich weit im Meere ab.

Im Alterthum hieß es allgemein, daß der Ölbaum nur in der Nähe des Meeres gedeihe. Man rechnete aus, daß er sich von demselben nicht über dreihundert Stadien, somit nicht über 7-1/2 geographische Meilen entferne. Es ist nicht zu leugnen, daß der Ölbaum den Seestrand bevorzugt, doch hängt das nicht mit dem unmittelbaren Einfluß der großen Wasserfläche, vielmehr mit dem gleichmäßigen Klima zusammen, welches durch dieselbe gefördert wird. Denn der Ölbaum kann anhaltenden Frost nur sehr schlecht vertragen. Auch bevorzugt der Ölbaum den Kalkboden, den er hier an der Riviera reichlich vorfindet. Ein besonders günstiges Zusammenwirken von Klima und Boden, verbunden mit sorglichster Behandlung der Früchte, ist aber erforderlich, damit der Ölbaum ein so feines Öl, wie etwa in Apulien, erzeuge.

Die Mühlen, in welchen das Öl gepreßt wird, sind fast immer alte malerische Bauten. Sie suchen oft steile Stellen in den Schluchten auf, um die Kraft des Baches, der dort abwärts braust, zu nutzen. Wie Schwalbennester kleben sie an den Felsen.

Wer zur Frühjahrszeit durch die Olivenwälder um Bordighera streift, muß darauf bedacht sein, nicht in die Schußlinie der »Cacciatori« zu gerathen. Denn um diese Zeit bewegen sich jene durch alle Haine, Gärten und Fluren, um als einziges Wild die kleinen Vögel zu erlegen. Für die italienische Riviera, wie für Italien überhaupt, hat dieser Sport ganz bedenkliche Folgen, da die Vernichtung der Vögel eine entsprechende Vermehrung der Insekten nach sich zieht. Nicht nur verschwinden aus Italien die heiteren Sänger, welche die Wälder und Gärten in anderen Ländern in so lieblicher Weise beleben, sondern es nimmt auch die Zahl schädlicher Insekten in bedenklicher Weise dort zu. Dem Ölbaum besonders nachtheilig ist *Decus oleae*, der sich von dem Fruchtfleisch der Oliven nährt. Er wird von den Franzosen *la Mouche*, von den Italienern *Macha del Olivo* genannt. Die Fliege legt ihre Eier in ganz junge Fruchtanlagen, und die Maden, welche diesen Eiern entschlüpfen, leben dann auf Kosten der sich entwickelnden Frucht. Sie verpuppen sich schließlich in derselben und verlassen sie als fliegende Brut. Gelangen sie mit den Oliven in die Mühle, so leidet der Geschmack des Öls von denselben.

Von einer Wanderung durch die Olivenhaine kehrt man wohl stets, mit einem Blüthenstrauß geschmückt, nach Hause. Denn sie sind zu verlockend, diese Frühlingsgaben der Flora, zu lieblich, als daß man an ihnen so flüchtig vorbeieilen sollte. Ueberall stehen unter den Bäumen die dunkelblauen Traubenhyacinthen, die bisamartigen Duft verbreiten; besonders schön ist die eine Art (*Muscari comosum*), die einen amethystfarbigen Schopf über dem sonst unscheinbaren Blüthenstande trägt. Hier und dort schaut aus dem Rasen eine blühende Orchidee hervor. Meist ist es eine Art der Gattung Ophrys, jener merkwürdigen Orchideen-Gattung, deren Blüthen ganz den Insekten gleichen. Bei *Ophrys aranifera* erinnern sie an Spinnen: man meint die vorgestreckten Beine und den aufgedunsenen braunen Leib eines solchen Thieres zu sehen. Auch *Ophrys Arachnites* ist spinnenähnlich und zeigt einen purpurbraunen, grün verzierten Leib. Die schönste dieser Ophryden scheint mir aber die *Ophrys Bertolonii*, mit dunkelrothen Blüthen, zu sein. Doch Ophrys-Arten hat der Nordländer vielleicht schon in seiner Heimath gesehen und fesselt ihn daher mehr eine andere Orchidee von ungewohnter Gestalt: die *Serapias Lingua*, vielleicht gar *Serapias longipetala*, deren rothbraune Blüthen, von rothen Deckblättern fast verhüllt, nur ihre Lippen nach außen vorstrecken. Mit Freuden begrüßt er eine wilde Tulpe (*Tulipa Celsiana*), deren hellgelbe Blüthen sich auf langen Stielen wiegen. Die Siegwurz (*Gladiolus segetum*) mit rosenrothen, einseitig aufgereihten Blüthen tritt ihm auch an zahlreichen Stellen entgegen. In seinem Strauß nimmt er dann noch gern das weißblüthige *Allium neapolitanum* auf, denn gehört jene Pflanze auch zu den Laucharten, so duften doch ihre weißen Blüthenstände in angenehmer Weise. Hauptsächlich sind es aber die gelben Tazetten, welche dem Strauß Wohlgeruch verleihen, während seine Farbenpracht gehoben wird durch eine reiche Auswahl bunter Anemonen (*Anemone coronaria* und *hortensis*).

Ebenso alt als Kulturpflanze wie der Ölbaum ist der Weinstock, die beide daher von Alters her zusammen genannt werden. – »Zwei Flüssigkeiten thun dem menschlichen Körper besonders wohl,« heißt es in der Naturgeschichte des Plinius, »innerlich der Wein, äußerlich das Öl; beide stammen aus dem Pflanzenreiche und sind vorzüglich, doch das Öl ist das nothwendigere.« Das trifft für das Öl heut nicht mehr zu. Im Alterthum rieb man sich mit demselben nach dem Bade den Körper ein; jetzt wird es äußerlich allenfalls nur noch als Marseiller Ölseife angewandt. – Wie in dem Werke des Plinius tritt uns auch an der Riviera der Weinstock vielfach neben dem Ölbaum entgegen. Doch an der Küste selbst herrscht der Ölbaum vor. Denn im Gegensatz zum Ölbaum meidet der Weinstock die nächste Nähe des Meeres. Andererseits verträgt er viel stärkere Gegensätze der Temperatur, so daß seine Cultur selbst weit im Norden versucht werden konnte. Im vierzehnten Jahrhundert drang der Weinbau bis in das preußische Ordensland, selbst bis nach Tilsit vor, und wenn er sich heute, um so viel weiter, nach Westen und Süden zurückgezogen hat, so geschah dies nur, weil er in nördlicheren Gegenden ertragsfähigeren Producten weichen mußte.

Der Ölbaum ist sicher am Mittelmeer einheimisch, andererseits muß angenommen werden, daß seine Cultur im Orient begann, daß Culturformen des Baumes sich von da aus verbreitet haben, und schon in vorhomerischer Zeit nach Griechenland gelangten. Den Weinstock (*Vitis vinifera*) fanden die Culturvölker ebenfalls als wilde Pflanze auf europäischem Boden vor. Ja heut noch meint man südlich und nördlich von den Alpen stellenweise die Pflanze im ursprünglichen Zustande anzutreffen, doch ist es meist schwer zu entscheiden, daß sie nicht verwildert sei. Am üppigsten gedeiht die wilde Weinrebe heute um das schwarze Meer, und man hat an den südlichen Abhängen der Krim Stämme bis zu anderthalb Meter Umfang gemessen. Die Cultur des Weinstocks ging allem Anschein nach vom westlichen Kleinasien aus und ist einem indogermanischen Volke zu verdanken.

Von den Weinen der westlichen Riviera waren im Alterthum schon die von Massilia, also des heutigen Marseille, bekannt, zeichneten sich aber nicht durch ihre Haltbarkeit aus, so daß man sie räuchern mußte. Es geschah das in Rauchkammern nach orientalischer und griechischer Sitte. Im Wesentlichen war das ein ähnliches Verfahren wie das heutige Pasteurisiren. Ganz wie man heut den Wein bis auf mindestens 60° C. erwärmt, um die schädlichen Keime in demselben zu tödten und so seine Haltbarkeit zu erhöhen, wurde im Alterthum der Wein in wohl verschlossenen Gefäßen durch heißen Rauch erhitzt. Das Feuer befand sich in einem unteren Raume, und Rauch und Hitze stiegen, durch ein Rohr geleitet, in das obere Geschoß, in dem der Wein sich befand. Der Rauch gelangte dort durch angebrachte Öffnungen ins Freie. Dieses Verfahren konnte den Geschmack des Weines nicht wesentlich beeinflussen, wohl aber mußte das geschehen bei Zusatz von Seewasser zum Most, wie er in Kleinasien und Griechenland häufig geübt wurde. Auch mit Gips, Kalk, Marmor, Thon, Pech oder Harz hat man die Weine versetzt, um sie haltbarer zu machen und ihnen zugleich einen bestimmten Geschmack zu verleihen. Es bemerkt aber bereits Plinius, daß der bekömmlichste Wein immer derjenige sei, dessen Most ohne fremdartigen Zusatz bleibe; denn welcher noch so Gesunde, meint er, sollte nicht Scheu haben vor Weinen, die Marmor, Gips oder Kalk enthalten? Überhaupt klagt Plinius sehr über die Verfälschung der Weine; es sei damit so weit gekommen, daß nur der Name des Weinlagers den Preis der Weine bestimme und daß man den Most schon in der Kelter verfälsche. Daher seien, so wunderlich dies auch klinge, die am wenigsten gekannten Weine oft die unschädlichsten. Das Anmachen des Weines mit Seewasser wird von Plinius als für den Magen vorzüglich gepriesen. An eine bekannte neuere Heilmethode erinnert seine Mahnung, daß wer hager werden will, während der Mahlzeit dursten oder doch nur wenig trinken soll. – Durch Einkochen und durch Hinzufügen von Kräutern suchte man im Alterthum vielfach die Haltbarkeit der Weine zu erhöhen, in ähnlicher Weise wie dies heute durch Zusatz von Alkohol geschieht. Daß die Römer Weinschmecker ersten Ranges waren, geht genugsam aus den Angaben der alten Schriftsteller hervor. Die Menge der zum Verkauf angebotenen Weinsorten verglich Virgil bereits mit derjenigen des lybischen Sandes und der Meereswellen. Man trank in Rom meist schon ungemischte Weine, das heißt ohne den einst üblichen Zusatz von Wasser; man kühlte sie mit Eis, versetzte sie öfters mit Gewürzen und fing an, nach alten Jahrgängen zu trachten. Guter Wein mußte acht bis zehn Jahre alt sein, um geschätzt zu werden, und selbst von zweihundertjährigen Weinen sind uns Berichte erhalten. So mundete dem Kaiser Caligula (37–41 n. Chr.) Wein vom Jahre 121 v. Chr., dem besten Weinjahre, dessen sich Italien zu erinnern wußte. Es war Italien selbst, das zu Plinius' Zeiten die geschätztesten Weinsorten producirte, so daß Plinius wohl behaupten durfte, Italien nehme mit seinen Weinen die erste Stelle unter allen Ländern ein und sei nur in der Erzeugung von Wohlgerüchen von einigen derselben übertroffen: es gebe übrigens, fügt er hinzu, keinen Wohlgeruch, der denjenigen des blühenden Weinstocks übertreffe. – Auch in der römischen Zeit wurde der Weinstock bereits in kunstgerechter Weise zugeschnitten, doch ließ man ihn je nach der Gegend in verschiedener Weise wachsen. In Campanien schlang er sich empor an der Pappel, umfing sie wie seine Gattin, streckte seine üppigen Arme auf gewundenen Bahnen zwischen ihre Aeste, bis er ihren Gipfel erreichte. Da pflegte der Winzer, zur Arbeit gemiethet, sich außer dem Lohne vom Gutsherrn einen Scheiterhaufen und ein Grabmal auszubedingen, falls ihn bei der Weinernte ein Unfall treffen sollte. Anderswo waren ganze Landhäuser von den schmiegsamen Aesten eines einzigen Weinstocks umflochten, und in Rom lustwandelte man in den Säulenhallen der Livia im Schatten eines Weinstocks, der zwölf Amphoren Wein lieferte. In manchen Theilen Italiens zog man den Weinstock an Pfählen, in noch anderen ließ man ihn auf dem Boden kriechen, in all' jener Mannigfaltigkeit der Behandlung, die auch heut noch dem Wanderer in Italien auffällt. Hier, meint Plinius, schimmerten purpurne Trauben aus dem grünen Laub hervor, dort leuchteten sie in rosenrothem Glanz, dort endlich in saftigem Grün. An dem einen Orte sah man runde, an dem anderen längliche, hier kleine, dort große, hier harte und dickschalige, dort saftige und dünnschalige Beeren. Manche Trauben hing man im Zimmer an einem Faden auf, um sie länger zu erhalten, andere versenkte man in süßen Wein und ließ sie sich so im eigenen Safte berauschen. Auch gab es Trauben, die man räucherte, ähnlich wie es mit manchen Weinen geschah. Plinius erzählt, daß Kaiser Tiberius geräucherte afrikanische Trauben ganz besonders liebte.

Nach dem Sturze Roms zerfiel auch der Weinbau in Italien. Nachlässig wurden die Trauben geerntet, sorglos gekeltert, und der Most lange auf den Trestern gelassen, damit der Wein jene dunkle Farbe erlange, wie sie im Lande beliebt war. Solche Weine konnten sich nicht lange halten, wurden von fremden Ländern daher auch nicht begehrt. Doch in neuester Zeit beginnt sich das zu ändern; Weinbau und Weinbereitung in Italien sind in erfolgreichem Aufschwung begriffen.

Die alte Sitte, den Wein in Schläuchen zu befördern und dann in Amphoren aufzubewahren, hat sich jetzt auch im Süden verloren. Hölzerne Tonnen, die zur Römerzeit bei den cisalpinischen Galliern und den Alpenvölkern in Gebrauch waren, fanden ihren Weg damals schon nach Italien.

III.

Das Bild von Bordighera schwebt der Erinnerung stets umrahmt in Palmen vor, so wie man sich einst die alte syrische Stadt Palmyra nicht anders als im Palmenschmuck vorstellen konnte. In der That gedeihen nirgends an der Riviera die Dattelpalmen besser als in Bordighera. An der Ostseite des Cap d'Ampeglio sind wahre Palmenwäldchen zu sehen. Diese östliche Bucht ist ganz besonders gegen die Nordwestwinde geschützt. Zwischen den Mauern palmenreicher Gärten, über welchen schlanke Stämme ihre Krone neigen, empfangen wir ganz afrikanische Eindrücke und können vergessen, daß uns die volle Breite des Mittelmeeres von dem Lande der Oasen trennt. Pietätvoll wandern deutsche Reisende zu jener malerischen Palmengruppe hin, die in einer halben Stunde Entfernung, östlich von Bordighera, zu Madonna della Ruota den Meeresstrand schmückt. Es sind das die Palmen, die Scheffel in seinem Liede »Dem Tode nah« besang, und unter welchen er ein Grab sich träumte. Sie stehen, einige zwanzig an der Zahl (nicht zwölf, wie es in dem Liede heißt), um eine alte Cisterne und erwecken an dem einsamen, wilden Orte, von Meereswellen umspült, in der That poetisches Empfinden. Daß dieses hier nicht allein ein deutsches Gemüth ergreift, geht aus der Schilderung hervor, welche Charles Garnier, der Erbauer der Pariser Großen Oper und des Casinos in Monte Carlo, von diesem Ort in seinen *»motifs artistiques de Bordighera«* entwirft. Der Stil der Schilderung ist freilich etwas überschwänglich und erinnert an jene Verzierungen, welche die Garnier'schen »Prachtbauten« überreich schmücken: »Das ist der Ort, wohin ihr ziehen müßt, ihr Künstler; das ist die Stätte, die ihr sehen müßt, ihr Poeten; das ist der Erdwinkel, der euch fesseln muß, ihr Alle, die ihr nach lebendigen und mächtigen Eindrücken strebt, und die ihr findet, daß unser Herz höher schlägt im Anblick der Natur! Werden Erinnerungen an den Orient in euch schon wachgerufen, wenn ihr das alte Bordighera und seine Umgebung durchwandert, so steht ihr hier nicht mehr vor dem Vergleich, nicht mehr vor Ähnlichkeiten, nein, ganz Judäa findet sich in diesem Eindruck verkörpert. Das ist der Brunnen der Samariterin, der Brunnen der Rebecca; das sind die Juden, die Apostel, das ist Jerusalem, Nazareth, Bethlehem, die sich euch offenbaren in jenem bescheidenen Flecken bordigherischen Vorgebirges.« – Die sturmgepeitschten Palmen um diese alte Cisterne, mit dem unvergeßlichen Hintergrund des Meeres, haben zahlreichen Malern schon das Motiv zu stimmungsvollen Bildern gegeben. Es verursachte daher in Künstlerkreisen einige Aufregung, daß der Ort, vom deutschen Kunstgärtner Ludwig Winter angekauft, in einen Garten verwandelt werden sollte. Die endliche Verwerthung des Grundstückes in so dicht bevölkerter Gegend war aber nicht zu vermeiden; es muß noch als ein besonders glücklicher Zufall angesehen werden, daß dieser schöne Flecken Erde in kunstsinnige Hände gelangte. Herr Winter hat dem äußersten Vorsprung des Vorgebirges, das die Scheffel-Palmen trägt, seinen ursprünglichen Charakter gelassen und den Garten harmonisch zu der Umgebung gestimmt. – Anemonen, Reseda, Nelken und üppig blühende Rosensträucher decken jetzt den Abhang; große Palmen, die man hierher verpflanzte, entspringen dem zuvor so kahlen Boden; um einen weiten Wasserbehälter, wie man sie an der Riviera oft sieht, ist eine Pergola errichtet, zu deren Säulen die Palme den architektonischen Gedanken gab.

Im alten Testament werden die Dattelpalmen mit stolzen Königstöchtern verglichen. Nicht allen Dattelpalmen in den bordigherischen Gärten kommt aber so edle Gestalt zu. Es hängt das mit der Behandlung zusammen, welche die meisten Dattelpalmen hier erfahren. Man nimmt ihnen alljährig einen Theil ihrer Wedel. Die Familie Bresca in San Remo erhielt schon im sechzehnten Jahrhundert vom Papst Sixtus V. das Privilegium, Palmenwedel für den Palmsonntag nach Rom zu liefern, angeblich eine Belohnung für den Schiffscapitän Bresca, der im Jahr 1586, während der Aufstellung des Obelisken auf dem Sanct Petersplatz, als die trockenen Taue zu versagen drohten, durch den rechtzeitigen Ruf: »Wasser auf die Taue!« dem Baumeister Fontana aus schwerer Verlegenheit half. Die Familie Bresca ließ ihre Palmen in Bordighera ziehen, in dessen sandig-lehmigen Boden die Dattelpalme besser als in dem schweren Lehmboden von San Remo gedeiht. So reicht die Palmenindustrie Bordigheras bis in das Mittelalter zurück, und auch heute noch ist es dieser Ort, der die meisten Palmenwedel zur Feier des Palmsonntags nach Rom entsendet. Den Palmenwedel hat die christliche Kirche, wie so viele andere Symbole, der Bildersprache des Orients, des Heidenthums und des Judenthums entnommen, und wie Palmenwedel bei den Festen des Osiris in Ägypten, bei dem feierlichen Einzuge der Könige und der Königshelden in Jerusalem und bei den olympischen Spielen prangten, so schmücken sie heute noch am Palmsonntag die Altäre katholischer Kirchen.

Statt frei in den Lüften ihre Wedel zu schaukeln, müssen die meisten Palmen zur Herbstzeit es erdulden, daß ihre Krone im Innern pferdeschweifartig zusammengebunden werde. Diese Behandlung bezweckt eine bestimmte Ausbildung der neu hervorwachsenden Wedel. Nicht alle Palmstämme sind für diese Behandlung gleich geeignet, und unter den geeigneten werden noch solche unterschieden, die mehr für den katholischen und solche, die mehr für den jüdischen Ritus sich schicken. Denn auch die Juden brauchen Palmenwedel bei dem Laubhüttenfest. Der Bordighese bezeichnet kurzweg die eine Dattelpalme als »*Cattolica*«, die andere als »*Ebrea*«. – Die Blätter der katholischen Palme sind schlanker, die der jüdischen kürzer und gedrungener. An der katholischen Palme bindet man die mittleren Wedel fest zusammen, damit die neuen Wedel bei thunlichstem Lichtabschluß sich entwickeln und so möglichst farblos bleiben. Denn bei der Feier des Palmsonntags sollen sie nicht allein ein Siegeszeichen, sie sollen auch ein Bild himmlischer Reinheit sein. Im Dunklen werden solche Wedel auch schlank und lang; sie laufen spitz an ihren Enden aus und bleiben biegsam und weich, so daß sie leicht in beliebige Formen geflochten werden können. An den jüdischen Palmen werden die älteren Blätter weniger stark verbunden, das Licht ist somit von den jüngeren Blättern nicht ganz ausgeschlossen, diese können daher auch ergrünen. Sie bleiben zugleich kürzer, schließen mit stumpfer Spitze ab und werden härter. Mit dem Palmenwedel verbinden die Juden beim Laubhüttenfest die Myrte und die Bachweide zum Feststrauß und halten, während dieser in der rechten Hand geschwungen wird, einen »Paradiesapfel« in der Linken. Das Laubhüttenfest ist ursprünglich das Erntefest der Juden. Es verlor aber in den fremden Ländern diese seine Bedeutung und behielt nur die andere historische, die ihm ebenfalls von

Alters her zukam, eine Erinnerung an den göttlichen Schutz während der Wüstenwanderung zu sein. Die Wahl der vier »Arten« im Feststrauß hat die mannigfaltigsten symbolischen Deutungen erfahren; sie mochte vielleicht ursprünglich die Vegetation Palästina's versinnbildlicht haben. Durch religiöse Vorschriften wurden die vier »Arten« späterhin in starre Formen gefaßt, und wie der Palmenwedel, so müssen auch die Myrtenzweige und die Bachweide ganz bestimmte Gestalt besitzen. Die Myrten im Besonderen werden für die rechtgläubigen Juden in genau vorgeschriebenen Formen gezogen. Der Zweig muß eine Höhe haben, die drei Handbreiten gleichkommt und die Blätter in dreigliedrigen Wirteln tragen. Sind die Wirtel aufgelöst, d. h. die Blätter nicht zu dreien in gleicher Höhe befestigt, so ist der Zweig unbrauchbar. Eher geht es an, einen Zweig zu benutzen, der die Blätter nur zu zweien in gleicher Höhe trägt. Ein solcher Zweig ist im Nothfall zulässig, steht aber im Preise weit hinter der wahren »Hadassah« zurück.

Die katholische Kirche hat sich in Betreff der Palmen, welche der Palmsonntag verlangt, viel nachsichtiger gezeigt. In nordischen Ländern hat der Buchsbaum, ja selbst der kätzchentragende Weidenzweig, das Palmenblatt ersetzt. An der Mosel wird der Buchsbaum geradezu als »Palm« bezeichnet, und auch die aus Weiden gebundenen Festzweige heißen Palmen in slawischen Ländern.

Die Palmen hatten im Winter 1890/91 eine schwere Probe an der Riviera zu bestehen, als das Thermometer für mehrere Stunden auf 6° C. unter 0 gesunken war. Besonders bewährten sich bis jetzt im bordighesischen Klima, außer den Dattelpalmen (*Phoenix dactylifera*), die canarische *Phoenix canariensis*, die kalifornische *Pritchardia filifera*, die australische *Livistona australis* und die chinesische *Chamaerops excelsa.* Daß außerdem die Zwergpalme, *Chamaerops humilis*, gut in Bordighera gedeihe, ist nicht wunderbar, da sie der Mittelmeerflora thatsächlich angehört; sie ist unsere einzige europäische Palme, in Sicilien heimisch. In Algier deckt sie große Flächen. Man suchte sie dort auszurotten, um den Boden für neue Culturpflanzen zu gewinnen, jetzt sorgt man für ihre Verbreitung. Vom lästigen Unkraut, als welches sie betrachtet wurde, ist sie zu einer wichtigen Nutzpflanze avancirt. Entsprechend zubereitet, liefern nämlich die Blätter der Zwergpalme sehr elastische Fasern, die gleich Pferdehaaren zum Ausstopfen der Möbel und Matratzen dienen können. Den Pferdehaaren gegenüber zeichnen sie sich nicht nur durch ihre Billigkeit, sondern auch dadurch aus, daß sie nicht von Motten befallen werden. Im Gegensatz zu den Phoenix-Arten, die gefiederte Blätter besitzen, sind die Pritchardien, Coryphen, Chamaerops-Arten mit fächerförmigen Blättern versehen. Ihr Aussehen weicht somit nicht unwesentlich von demjenigen der Dattelpalmen ab, so daß ihre Acclimatisation an der Riviera auch in landschaftlicher Beziehung als ein

Gewinn betrachtet werden kann. Zu bedeutender Höhe ist in zahlreichen Gärten die *Chamaerops excelsa* bereits emporgewachsen. Sie gehört zu den härtesten der eingeführten Arten, so daß sie ohne Bedeckung selbst das Klima der Insel Wight verträgt. *Pritchardia filifera* ist der zahlreichen weißen Fäden wegen, die den Blatträndern entspringen, sehr beliebt, verbreitet sich demgemäß auch rasch an der ganzen Riviera. Zu den häufigsten Palmen dürfte dort auch bald die *Phoenix canariensis* gehören, welche der Dattelpalme sehr ähnlich ist, sich aber vor ihr durch gedrängteren üppigeren Wuchs und kräftigere Blattentwickelung auszeichnet. – An geschützten Stellen der Riviera gedeihen auch verschiedene Arten der Palmengattung Cocos, so *Cocos flexuosa*, und *Romanzoffiana* mit äußerer eleganter Tracht, auch die blaugrüne *Cocos australis*. Die echte Cocospalme (*Cocos nucifera*), welche die Cocosnüsse liefert, kommt hier hingegen, sowie auch an den Südrändern des Mittelmeers, nicht fort. Ihre Cultur ist nur innerhalb der Wendekreise möglich. In der Form ihrer Blätter stimmen die Cocospalmen mit den Dattelpalmen überein. Ähnliche Blätter haben auch die Areca-Arten (*Areca sapida, Baueri*), welche an der Riviera gut aushalten. Es sind das nahe Verwandte der Betelnußpalme (*Areca catechu*), welcher die Betelnüsse entstammen, jene Nüsse, die mit Kalkpulver bestreut, und in Blätter des Betelpfefferstrauchs (*Piper Betle*) gewickelt, von Jung und Alt in Südasien gekaut werden. Zu den Palmen mit fächerförmigen Blättern, welche die Gärten der Riviera zieren, gehören auch zwei Livistona-Arten, die *Livistona chinensis* und *australis*, mit mächtigen Blättern, Palmen, die häufig in unseren Gewächshäusern anzutreffen sind. Schön macht sich unter den anderen Fächerpalmen der Riviera die blaugrüne *Brahea Roezli*, dann die stattlichen Sabal-Arten, deren zähe Fasern für Seilerwaaren, Hüte, Körbe und Säcke verwandt werden, auch die wichtige Carnaubapalme Brasiliens, die *Copernicia cerifera*. Mit den Blättern dieser Palme wird in der brasilianischen Provinz Ceara ein großer Theil der Hütten gedeckt, ihre Fasern ähnlich wie Stroh verwandt, der harte Stamm liefert Bau- und Tischlerholz, die Wurzeln ein Heilmittel, die bitteren Früchte dienen als Nahrung, aus dem Saft wird Sirup und Arrak bereitet, kurzum diese Palme zeigt uns so recht ein Bild von dem Nutzen, den eine einzige Art dieser segensreichen Pflanzenfamilie in den Tropen stiften kann. Ihren Artennamen *cerifera*, sowie ihren deutschen Namen dankt aber die Wachspalme ihrem wichtigsten Erzeugniß, dem vegetabilischen Wachs, das sie in Schuppenform aus ihren Blättern ausscheidet. Diese Schuppen werden von jungen, getrockneten Blättern abgeklopft und dann in Wasser gekocht, auf dessen Oberfläche das flüssige Wachs sich sammelt. Man versetzt es mit Talg und formt es zu Kerzen, welchen beim Brennen ein angenehmer Duft entströmt.

Bordighera begnügte sich nicht damit, seine Palmwedel für Cultuszwecke zu ziehen, es suchte sie auch im Kunsthandwerk zu verwerthen. So entstand die Palmenflechterei, die in letzter Zeit Dank dem Winter'schen Einfluß, eine ungeahnte Entwickelung nahm. In der Winter'schen Kunstgärtnerei wird jetzt die Palmenflechterei im Großen betrieben. Die Dattelpalme, die Chamaerops-Arten, *Livistona australis* und *Pritchardia filifera* geben im Besonderen das Material dazu her. Zur Verwendung kommen Blattspreiten, Blattstiele und Blattscheiden dieser Pflanzen, und wo Behälter nöthig, helfen auch wohl Flaschenkürbisse aus. Alle Theile der Palmen werden entsprechend gebogen und dann getrocknet, und hierauf zu Blumenvasen, Ampeln, Körbchen, Fruchtschalen, Lichtschirmen und anderen zierlichen Gegenständen stilgerecht vereint.

Auch die Nachtigallen an der Riviera suchen Nutzen aus der neuen Palmen-Cultur zu ziehen. Sie fanden heraus, daß die langen großen Fäden am Blattrand der Pritchardien für Nesterbau vortrefflich geeignet sind. Sie zwicken sie ab und tragen sie zusammen, um sich aus denselben ihr flüchtiges Heim zu flechten. –

IV.

Die zahlreichen Ausflüge, die sich landeinwärts von den Stationen der Riviera unternehmen lassen, haben in den Reisehandbüchern bis jetzt eine höchst unvollkommene Behandlung erfahren. Meist findet man in denselben nur eine Aufzählung der etwa zu besuchenden Orte, wobei die nächste, oft lohnendste Umgebung vernachlässigt ist, entferntere, beschwerliche, nicht immer lohnende Touren besonders empfohlen werden. Da die Wirksamkeit der Alpenvereine sich andererseits nicht bis zur Riviera erstreckt, die Wegweiser dort fehlen, die Einheimischen nur selten Auskunft über den Weg und niemals über die Schönheit desselben zu ertheilen vermögen, so wären grade für jene Gegenden gut orientirende Reisebücher sehr erwünscht. Unter den gegebenen Umständen kann aber nur ein wiederholter Besuch der Riviera denjenigen, der es gelegentlich nicht scheut, unnütz umherzuirren, in all' die Reize dieser zauberhaften Gegend einweihen.

So müßte jeder Reisende, der für Naturschönheit empfänglich ist und einige Mühe nicht scheut, von Mentone über Gorbio nach Roccabruna wandern. Meist begnügt sich aber selbst der unternehmendste Tourist mit einem Ausflug nach Castellar und kommt im Gorbiothal nicht über Gorbio hinaus, weil er nicht weiß, daß er seinen Weg dort fortsetzen sollte. Und doch entfaltet sich erst jenseits von Gorbio die volle Pracht der großartigen Landschaft. Der ganze Ausflug dürfte fünf Stunden in Anspruch nehmen; es empfiehlt sich, ihn am Nachmittag zu unternehmen. Bis nach Gorbio führt jetzt eine schöne Fahrstraße. Sie beginnt zu steigen am Alexandra-Hôtel und folgt in zahlreichen Windungen dem Thale. Dieses Thal ist überaus fruchtbar; ein ansehnlicher Bach durchströmt dasselbe. Erst ist es breit, verengt sich, indem es aufsteigt. Villengärten stoßen an die Straße, dann bescheidene Bauerngüter. Blühende Pflanzen neigen sich über die Mauern vor. Erst die vornehmen Pflanzen der Reichen; dann der Goldlack, die Levkoye, die Pelargonie und die Anemonen, die auch der Ärmere sich zieht. Einzelne Cypressen, oft umrankt von Rosen, ragen hier und dort aus den Gärten vor und mahnen nicht selten an orientalische Landschaft. Citronen- und Orangengärten folgen aufeinander, dann Feigenbäume. Höher hinauf beginnen sich vereinzelt auch unsere Obstbäume zu zeigen. Sie stehen im Blüthenschmuck. Eigentlich ist ihnen auch in dieser Höhe noch zu warm, sie gedeihen gut erst bei Sant' Agnese, jenseits der Felsen, die das Thal im Norden sperren. Im Thale von Gorbio lohnt es sich, Pflanzen zu sammeln. Ardoino, der Verfasser der Flora der Seealpen, gibt für die Thäler, die bei Mentone münden, mehr als tausend verschiedene, wild wachsende Arten an. Man müßte fast ganz Irland und Schweden durchstreifen, um ebenso viel verschiedene Pflanzen zu finden, als hier auf etwa fünfzehn Quadratmeilen beisammen wachsen. – Ungewöhnlich reich sind die Thäler von Mentone an Orchideen, und diese blühen ja fast sämmtlich im Frühjahr. Viele sonst seltene Farne sind hier auch zu finden. Der Botaniker sucht mit Vorliebe nach einem kleinen Nacktfarn, der zu derselben Gattung wie die Gold- und Silberfarne unserer Gewächshäuser gehört, der *Gymnogramme leptophylla*. Der Pflanzenliebhaber freut sich mehr noch über das *Adiantum Capillus Veneris*, das Venushaar, das mit seinen zarten Wedeln die feuchten Vertiefungen der Felsen ziert. – Ein alter gepflasterter Weg kürzt oben im Thale die neue Straße von Gorbio ab. Er steigt in Olivenhainen empor. An einer seiner Windungen taucht plötzlich Gorbio auf, ganz in der Nähe. Es krönt einen steilen Hügel, der von Oliven bedeckt ist. Ein Amphitheater mächtiger zackiger Felsen umrahmt dieses Bild von seltener malerischer Schönheit. – Wir steigen auf zu dem Orte, durchschreiten den Platz, dem eine alte Ulme ihren Schatten spendet, wenden uns dann links und schlagen den Fußweg ein, der, an einem offenen Brunnen vorbei, der Berglehne folgt. Nach kaum halbstündigem Aufstieg haben wir das weit sichtbare Kreuz erreicht, das hoch oben, am vorspringenden Bergesrande dem Wetter trotzt. Bei stark wehendem Mistral ist es kaum möglich, an jener Stelle zu weilen; das zersplitterte Kreuz, welches nur noch einen seiner Arme gegen den Himmel streckt, zeugt von der Gewalt der Stürme, die dort oben hausen. Bereits von diesem Kreuze aus ist der Blick überwältigend schön. Er umfaßt die sämmtlichen Thäler, die bei Mentone münden. Auf den Höhen sieht man jene wilden Ortschaften thronen, Burgen der Grimaldi und der Lascaris, die einst diese Thäler beherrschten; man umspannt mit dem Blicke den ganzen Halbkreis steil aufsteigender Berge, welche die Thäler mächtig umfassen und eine undurchdringbare Schranke für das Auge bilden, das hingegen nach Süden zu unbegrenzt über dem blauen, endlosen Meere schweift. Eine weitere Steigerung der Eindrücke hält man nicht für möglich, man kann sich schwer von dieser Stelle trennen, und doch gewinnt das Bild noch an erhabener Größe, betrachtet von dem Bergrücken, der jetzt in südlicher

Richtung nach Roccabruna führt. Dann verschieben sich gegen einander, wie mächtige Decorationen, die Felsriesen, die den Hintergrund der Thäler schließen, und die Umrisse des Bildes werden immer reicher, immer bewegter. Bald tritt im Mittelpunkte der Landschaft, am Nordabhange des mächtigsten dieser Berge, Sant' Agnese hervor, ein ansehnliches Dorf, das in schwindelnder Höhe, wie ein Schwalbennest am Felsen, über dem Abgrund zu hängen scheint. Wer konnte das Dasein dieses Ortes ahnen; ist er doch gegen das Meer hin von dem Felsen ganz verdeckt, an den er sich klammert. Dieser Felsen sollte ihn auch schützen und verbergen vor den spähenden Blicken der Saracenen, welche einst das tyrrhenische Meer durchkreuzten. Und doch war es ein Saracenenhäuptling Harun, der im zehnten Jahrhundert, der Sage nach, die Burg erbaute, deren Ruinen den Bergesgipfel krönen. Doch nicht als Feind kam er hierher, sondern von der Liebe zu einer Christin überwältigt, die er, selbst zum Christenthum bekehrt, zu seiner Gattin machte.

Selbst wer den schönsten Theil Süditaliens kennt, wird sicher die volle Macht dieser herrlichen, so typisch italienischen Landschaft empfinden. Und wie wird der Eindruck noch gesteigert, wenn gegen Sonnenuntergang sich die Gipfel der Berge zu röthen anfangen, lange dunkle Schlagschatten in die Thäler fallen und Sant' Agnese in goldigem Licht auf dem grauen Fels zu glühen beginnt.

Doch die Zeit drängt, denn die Sonne im Westen ist lange schon hinter der *Tête de chien* verschwunden; die Nachtschatten senken sich hinab in die Schluchten, während ein langer steiniger Weg uns von Cabbe-Roquebrune, der Eisenbahnstation, noch trennt.

In Cabbe-Roquebrune auf dem Bahnhof erwartet uns ein botanischer Genuß. Über einer hohen Mauer am Abhang stehen mächtige Judasbäume (*Cercis siliquastrum*) und senken abwärts ihre blüthenbeladenen, noch laubfreien Zweige. Die schönen, dicht gedrängten Blüthen entspringen auch dem alten Holze, so daß die ganze Baumkrone wie ein einziges Blumengewinde erscheint, von rosenrother Farbe. Dieser Baum ist in Südeuropa zu Hause, sehr häufig sieht man ihn in Palästina die Gärten um Jerusalem schmücken, was wohl Veranlassung zu der Sage gab, Judas habe sich an demselben erhängt.

V.

Bezaubernd schön ist Mentone, wenn man es vom Pont St. Louis aus betrachtet. Das Bild gehört zu den eindrucksvollsten der ganzen Riviera. Doch muß man es am Morgen betrachten, wenn die Sonne das alte Mentone von Osten her bescheint. Man folgt von Mentone aus in östlicher Richtung der Landstraße und wählt ihren linken Arm, dort, wo sie sich gabelt. Man steigt dann sanft in die Höhe, zwischen Villen und Mauern. Gibt es nicht zu viel Staub auf der Straße, so ist diese Wanderung ein Genuß. Denn die angrenzenden Gärten strotzen von üppigen Gewächsen, und überall drängt sich der Überfluß derselben bis auf die Straße. Die Pflanzen finden keinen Platz mehr in der eingeengten Umfriedung und streben hinaus ins Freie. Rosenrothe und feuerfarbige Pelargonien neigen sich über das Gitter, dort hängt ein Rosenstrauch über dasselbe hinaus und trägt unzählige Blüthen. Weiter ist eine ganze Mauer bis unten hinab mit einem epheublätterigen Kranichschnabel, dem *Pelargonium peltatum*, bedeckt, welcher so üppig blüht, daß die Blätter unter den blaßrothen Blüthen verschwinden. Jener Strauch, der im graziösen Bogen über eine andere Mauer sich beugt und ährenförmige Rispen gelber Blüthen trägt, ist eine chinesische Buddleia (*Buddleia Lindleyana*). Die ganze Straße duftet jetzt nach Heliotrop, der an dem Geländer emporklettert; weiter ist es wieder eine Pergola safrangelber Rosen, welche der Straße folgt. Mit ihren fleischig dicken Stengeln und Blättern und ihren großen rothen oder gelben Blüthen schmückt dort die Mittagsblume (*Mesembryanthemum acinaciforme*) eine Mauer. Dann schließen Citronen- und Orangenbäume sich an, die mit Früchten reich behangen, auch schon ihre duftigen Blüthen entfalten. Wir kommen an dem kleinen französischen Zollhaus vorbei und erreichen alsbald unser Ziel. In kühnem Bogen schwebt die Brücke San Luigi über der Schlucht, welche Frankreich von Italien trennt. Der Blick von hier auf Mentone ist in der That von ergreifender Schönheit. Die alte Stadt deckt einen schmalen Grat, der sich bis zum Meere senkt. Dicht gedrängt steigen die Häuser an ihm auf, über- und nebeneinander. Alle sind sie im italienischen Style gebaut, mit Loggien, Balkonen und Terrassen, trotzdem alle verschieden an Gestalt und Größe, scheinbar gesetzlos zu einer einzigen Masse vereint. Jedes zeigt eine andere Färbung; im hellen Glanz der Sonne verschmelzen aber die Gegensätze und die ganze Stadt leuchtet fast weiß in die Ferne. Aus der Häusermasse ragt die Kirche mit ihrem schlanken Glockenthurm hervor. Und welch eine großartige Einfassung zeigt dieses Bild! In weiter Ferne, kaum noch sichtbar, profilirt sich im nebeligen Umriß das zackige Esterel. Dann weicht die Küste vor dem Meere zurück und erst die *Tête de chien* über Monaco bietet ihm wieder Trotz. Sie scheint an der Küste Wache zu halten. Dann folgen mächtige, majestätische Berge und rücken immer näher auf Mentone zu. Das Cap Martin streckt sich wie ein grünsammetnes Band vor in die blaue See, und hinter Mentone steigen die zackigen Felsenriesen auf und leuchten in der Sonne im bläulichen Grau. Dann folgen tiefer grüne Schluchten, wo helle Olivenhaine mit dunklen Citronengärten abwechseln und an den Abhängen weiße Dörfer verborgen im Laub. Kahle Bergrücken glänzen grell in der Nähe, von grünen Kiefernwäldern stellenweise wie von Oasen bedeckt. Der Vordergrund entzückt uns durch seine Farbenpracht, denn der untere Theil der Schlucht, über der wir schweben, ist in einen Garten verwandelt. In Stufen steigt er auf, und der Boden verschwindet ganz unter Blüthen. Hell- und dunkelrothe

Geranien, dicht aneinander gedrängt, kugelige Chrysanthemum-Sträucher (*Chrysanthemum frutescens*) mit tausenden von Blüthen wie mit weißen Sternen übersäet. Dann ein Judasbaum, ganz in Blüthen gehüllt, der seine rosenrothen Aeste über die weißen Chrysanthemen neigt. Ein gelbblüthiger Rosenstrauch, der den rosenrothen Judasbaum erklimmt; schlanke Bambusen wie Federbüsche in die Lüfte ragend; daneben Fächerpalmen. Dunkelgrüne, schlanke Cypressen; ein Pfefferbaum mit hellgrünen, zartgefiederten Blättern an den hängenden Aesten; dunkelrothe Bougainvilleen an den aufsteigenden Wänden: ein wahres Kaleidoskop. Hohe Dattelpalmen ragen aus der Schlucht hervor und umrahmen das Bild von Mentone, phantastische Opuntien nächst der Brücke bilden den ersten Vordergrund. Und dieses ganze farbenreiche Bild taucht mit seinem Rande in die dunkelblaue Fluth. Eine frische Brise weht uns vom Meer entgegen, der Frühling blickt mit allen seinen Blumenaugen aus der Schlucht empor. Es stimmt so harmonisch und heiter dieses hehre Bild. Daher wir es auch vergessen möchten, daß dort über Mentone, wo weiße Steine und dunkle Cypressen zwischen grauen Mauern sich erheben, ein Ort der Trauer ist. Ein Schloß der Grimaldi stand einst auf dieser Höhe, zwischen seinen Trümmern und Umfassungsmauern ist dann der Friedhof entstanden. Er beherrscht diesen sonnigen Strand, wie einst die mächtige Burg ihn beherrschte: ein Wahrzeichen des heutigen Mentone. Ich suche die Gedanken von dieser Stelle abzuwenden, doch unablässig kehren sie zu derselben zurück. Denn trauriger hat mich ein Friedhof nie gestimmt wie dieser dort, mit seinen in Blumen ganz versteckten Gräbern. Kaum kann es einen mächtigeren Widerspruch geben zwischen der freudig sonnigen Natur und dem jähen Tode. Dieser Gegensatz preßt Einem das Herz zusammen. Und aus allen Theilen der Welt eilten jene zusammen, die auf diesem Friedhof ruhen. In der Blüthe der Jahre, fern von ihrer Heimath, legten sie sich unter Jasmin und Rosen zu ewigem Schlaf. Ob ihnen wohl die Erde leichter wird, weil die Blumen nie auf derselben verwelken? Die Rosen im besondern drängen sich dort überall vor: weiße, gelbe, blutigrothe, und sie verbreiten einen betäubenden Duft. Als ich einst diesen Friedhof besuchte, da strahlte die Welt in Frühlingsglanz und jauchzte es von Leben in den Lüften. Da war es besonders traurig zwischen diesen blumenreichen Gräbern. Auf einem frisch errichteten Denkmal saß ein junger Bildhauer, meißelte das Antlitz eines zarten Mädchens in den Stein und sang dazu ein fröhliches Lied. Ich blieb vor dem Grabe lange stehen: es war wie in einer Shakespeare'schen Tragödie.

Hoch ragen über der Brücke San Luigi die zackigen Felsen empor, welche die Schlucht umfassen. Sie selber steigt hier plötzlich auf, unvermittelt in romantischer Wildniß. Ein einzelner Felsenkegel erhebt sich aus ihrer Mitte und endet mit spitzem Gipfel. Zahlreiche Grotten versenken sich in den Stein. Rosmarin und Wolfsmilch, Wachholder und großblüthige Malven (*Lavatera maritima*) klammern sich an jeden Vorsprung der Felsen an und beleben ihre Eintönigkeit. Unten grünt Alles von üppigem Pflanzenwuchs. Ein kleiner Bach rauscht abwärts in den Felsenspalten und bildet dann zierliche Wasserfälle. Ein Theil des Wassers wird in einen kleinen Aquäduct gefaßt, der in malerischen Windungen abwärts läuft, dann mit gewölbtem Bogen den Bach überschreitet. Wie effectvoll Alles vereint in diesem engen Raume: es ist fast wie eine Theaterdecoration!

An jener so überaus warmen Stelle der Riviera bildet diese Felsenschlucht wohl noch den wärmsten Ort. Durch hohe Berge geschützt und umfaßt, steht sie den südlichen Winden nur offen. In dieser Schlucht beginnen schon im December die Veilchen zu blühen. Die Schwalben verlassen sie nie. Die Eidechsen sollen ihres Winterschlafs hier vergessen. An Nahrung ist stets Ueberfluß. Insekten durchschwirren die Luft, und die Spinne spannt ihr Netz auch im Winter, um sie zu fangen.

VI.

Niemand sollte es versäumen, von Bordighera oder von Mentone aus, einen Ausflug nach La Mortola, dem Garten des Herrn Thomas Hanbury, zu unternehmen. Der Eintritt wird Montag und Freitag Nachmittag gegen Zahlung von je einem Franc gestattet. Dieses Geld dient zur Unterstützung des Krankenhauses von Ventimiglia. Wer eingehende Studien im Garten machen will, erhält hierzu vom Besitzer jederzeit Erlaubniß. Früher Eigenthum der Familie Orengo in Ventimiglia, trägt auch heute noch die schöne Villa im Garten, welche Herr Thomas Hanbury bewohnt, den Namen des Palazzo Orengo. Als Herr Hanbury diese Besitzung im Jahre 1866 erwarb, war sie von einem mageren Olivenhain bedeckt. Ludwig Winter hat sie in den feenhaften Garten verwandelt, der jetzt den Besucher entzückt. Der Garten deckt eine Fläche von ungefähr vierzig Hektaren und fällt von der Kunststraße, welche das Dorf Mortola in hundert Meter Höhe durchzieht, bis zum Meere ab. Die in dem Numullitenkalk tief gerissene Schlucht, an welche die Besitzung anlehnt, gewährt ihr Schutz gegen die Winde und ermöglicht die Entwickelung einer so üppigen Vegetation, wie sie auch an der Riviera kaum ihres gleichen findet. Freilich mußte durch künstliche Bewässerung vorgesorgt werden, daß die lange Dürre des Sommers nicht verhängnißvoll für die Pflanzen werde. Denn man rechnet in La Mortola über zweihundert Tage im Jahr, an welchen der Himmel völlig wolkenlos bleibt, und auch innerhalb des winterlichen Halbjahres gibt es nur etwa vierzig Regentage.

Es wäre ein gewagtes Beginnen, wollte ich an dieser Stelle alle die zahlreichen Pflanzenformen schildern, welche der Garten von La Mortola birgt. Es kommt mir nur darauf an, die Reichhaltigkeit desselben hervorzuheben. Was aber diesen Garten insbesondere belehrend macht, ist der Umstand, daß alle

Pflanzen Schilder tragen, auf welchen ihr Name, der abgekürzte Name des Autors, der sie benannte, ihre Heimath, sowie die Familie, der sie angehören, angegeben ist. So kann jeder Besucher des Gartens erfahren, wie die Pflanze heißt, die ihm durch ihre Schönheit oder ihren Wohlgeruch auffällt, eine Pflanze, nach deren Namen er vielleicht vergeblich schon in manchem anderen Garten der Riviera forschte. Herr Hanbury ist bemüht, seinem Garten auch wissenschaftlichen Werth zu verleihen und sucht unaufhörlich neue, interessante, technisch wichtige oder durch ihre Heilkraft ausgezeichnete Gewächse für denselben zu erwerben. Ein kenntnißreicher deutscher Gärtner, Gustav Cronemeyer, stellte vor einigen Jahren ein wissenschaftliches Verzeichniß aller Pflanzen des Gartens auf. Dieses Verzeichniß umfaßt über 3600 Arten. Es wurde an alle botanischen Anstalten der Welt versandt, mit der Aufforderung, aus den Schätzen des Gartens für wissenschaftliche Zwecke zu schöpfen. Auch die Samen und Früchte des Gartens erntet man alljährig, um sie wissenschaftlichen Anstalten dienstbar zu machen. Da Herr Hanbury gleichzeitig stattliche Schulgebäude in La Mortola errichtet, da er neuerdings auch ein schönes botanisches Institut in Genua erbauen ließ, um es der dortigen Universität zu schenken, so läßt sich wohl behaupten, daß er einen edlen, nachahmenswerthen Gebrauch von seinen Reichthümern macht. Leider ist der eifrige Leiter des Gartens, Gustav Cronemeyer, vor kurzem gestorben, und gewährt es nur einen Trost, daß sein Nachfolger, ebenfalls ein deutscher Gärtner, Herr Dinter, mit gleichem Eifer in seine Spuren tritt.

Gerade im Frühjahr ist es, wo der Garten von La Mortola in vollstem Blüthenschmucke prangt. Besonders tragen die Akazien dazu bei, ihn um jene Zeit so üppig zu verzieren. Ueber neunzig Arten der Gattung *Acacia* stehen da in Cultur, von den fein gefiederten, mimosenartigen an, deren Blättchen jeder Windhauch in Bewegung setzt, bis zu jenen starrend stachlichen Arten, welche schon durch ihren botanischen Namen als »bewaffnet« (*armata*), »struppig« und »schauerlich« (*horrida*) hinreichend gekennzeichnet werden. Manche Akazien sind von gelben Blüthen so überdeckt, daß das grüne Laub unter denselben fast verschwindet, und die meisten verbreiten zur Blüthezeit ein liebliches Aroma. Benennungen wie »lieblich«, »angenehm« (*suaveolens*) zeichnen noch besonders einzelne Arten aus. Der höchste Preis des Wohlgeruchs gebührt aber unstreitig der tropisch-amerikanischen *Acacia Farnesiana*, welche ihre veilchenduftenden Blüthenköpfchen den ganzen Winter über treibt. Diese Blüthenköpfchen dienen in Grasse und in Cannes unter dem Namen »*fleurs de cassie*« in ausgiebiger Weise den Zwecken der Parfümerie. Den Namen »*Farnesiana*« erhielt diese schon lange in Südeuropa bekannte Pflanze wohl daher, daß sie in den farnesianischen Gärten in Rom zuerst gezüchtet wurde. – Durch ihr zartes, zierliches, doppeltgefiedertes Laub von bläulich grüner Farbe, fällt hier, wie auch an den anderen Stellen der Riviera, die *Acacia* oder *Albizzia*

Julibrissin auf, ein stattlicher Baum vom Aussehen einer Mimose, dessen hellviolette Blüthenköpfchen aber erst im Juli zur Entfaltung kommen. Sie stammt von der Südküste des kaspischen Meeres, ihr Arten-Name ist persisch und bedeutet Seidenblume. – Von der südafrikanischen steifen *Acacia horrida* stammt eine geringe Gummisorte, die als Capgummi bekannt ist. Das feinste Gummi arabicum tritt aus der Rinde der senegambisch-kordofanischen *Acacia Senegal*, ähnlich wie bei uns Kirschgummi aus der Rinde von Kirschbäumen, hervor.

Durch ein ganz besonders feines Aroma zeichnet sich in dem Garten von La Mortola außer der *Acacia Farnesiana* ein gelbblühender Strauch, die *Pteronia incana* vom Cap aus, welche zu derselben Abtheilung der Compositen wie unsere Astern gehört, deren Blüthenköpfchen aber einen, man könnte fast sagen, vergeistigten Aprikosenduft verbreiten. Sehr wohlriechend in allen seinen Theilen ist ein anderer Strauch vom Cap, die Rutacee *Diosma fragrans*. Nicht umsonst hat sie, so wie ihre nächsten Verwandten, die bei uns viel in Gewächshäusern cultivirt und als Bouquetgrün benutzt werden, den Namen *Diosma*, d. h. »Götterduft«, erhalten. Ein chilenischer Strauch mit kleinen gelben Blüthen, die Flacourtiacee *Azara microphylla*, wird wegen seines vanillenartigen Duftes in der Heimath »Aromo« genannt. Eine krautartige Salbeiart, die *Salvia albocoerulea*, riecht wie feines Tafelobst. Verschiedene Pelargonien, so namentlich das *Pelargonium roseum* und *odoratissimum*, verbreiten ein starkes rosenartiges Parfüm, wenn man ihre Blätter zerdrückt. Geradezu betäubt wird man an zahlreichen Stellen des Gartens von dem Duft, der den kleinen weißen Blüthen vom *Pittosporum Tobira* entströmt. Diese Blüthen decken in großer Zahl den baumartigen immergrünen Strauch, der im Aussehen an den lorbeerartigen Schneeball (*Viburnum Tinus*) unserer Gewächshäuser erinnert. Es gibt auch eine Art mit fast schwarzen Blüthen, die fremdartig genug auf den Zuschauer einwirkt. – Lieblich duftet, ähnlich wie unsere wohlriechende Platterbse, ein zierlicher Baum mit überhängenden Aesten, der aus der Ferne ganz weiß erscheint von reicher Blüthenfülle. Es ist eine west-mediterrane Ginsterart, *Genista monosperma*, die zu den anmuthigsten Pflanzenformen im Frühjahr an der Riviera gehört. Ist auch zu jener Zeit der Blüthenreichthum noch so groß, Jedem fällt, unter allen anderen, diese Pflanze auf, die den Namen Blüthenregen führen sollte. Erscheint es da nicht wunderbar, daß zu derselben Gattung, wie dieses so zart erscheinende Gewächs, auch die *Genista acanthoclada* gehört, ein Strauch der griechischen Berge, der so stachelig ist, daß er für die Pflanze des Tartarus gelten konnte: *Aspalathus*, nach der Insel Aspalathe an der Küste von Lycien genannt, lieferte er, der Sage nach, jene Ruthen, mit denen die Gottlosen in der Unterwelt gepeitscht wurden.

Eigenthümlich berühren den Besucher des Gartens die Casuarineen, die in großen Exemplaren gleich unterhalb der Eingangstreppe stehen. Die graugrünen feinen Zweige dieser Bäume hängen wie die Federn eines Casuarschweifes herab und verschafften dem Gewächs auch seinen Namen. Die Zweige sind blattlos; die Ernährung des Baumes, die sonst von den Blättern besorgt zu werden pflegt, fällt hier somit den Zweigen zu. Diese sind demgemäß auch grün gefärbt, d. h. sie führen jenen Farbstoff, das Chlorophyll, dessen Anwesenheit für die Bereitung von Nahrungsstoff durch die Pflanze nothwendig ist. Die Casuarineen bilden in Australien ausgedehnte Wälder von sehr eigenem Aussehen. Wie so viele andere australische Bäume vermögen sie dem Boden nur spärlichen Schatten zu spenden. Die Blüthen dieser Gewächse sind so klein und unansehnlich, daß nur das kundige Auge sie an den Zweigen zu erkennen vermag. Das Holz der Casuarineen zeichnet sich durch seine Härte und seine Schwere aus und hat daher den Eingeborenen zur Anfertigung von Streitkolben gedient.

Ein australischer Baum, der in den letzten Decennien ungemein rasche Verbreitung über die Riviera gefunden hat und den der Garten von La Mortola in nicht weniger als vierundzwanzig Arten besitzt, ist der Eucalyptus. Jeder, der Italien einmal besuchte, kennt die Eucalypten, wenn auch wohl nur die eine, überall vertretene Art derselben, den *Eucalyptus globulus*. Auch dieser australische Baum gibt im Verhältniß nur wenig Schatten; seine Blätter sind zwar von ansehnlicher Größe, sie hängen aber an langen Stielen von den Zweigen senkrecht herab und können daher selbst bei dichter Belaubung den Sonnenstrahlen nicht allen Durchgang verwehren. Da auch der leiseste Windhauch diese Blätter in Bewegung setzt, so herrscht unter den Eucalyptusbäumen ein eigenes zitterndes Zwielicht, das allerdings erst in Eucalyptus-Wäldern voll empfunden wird. Die Eucalypten gehören zu den Riesen der Pflanzenwelt, zu denjenigen Bäumen, welche überhaupt die bedeutendste Größe erreichen. In Australien sind Stämme von *Eucalyptus amygdalina* gemessen worden, deren Höhe 156 Meter betrug und somit genau derjenigen der Thürme des Kölner Doms entsprach, die Pyramide des Cheops aber um fünf Meter, die Peterskirche in Rom sogar um mehr als zwanzig Meter überstieg. Die Eucalypten wachsen auch an der Riviera äußerst rasch und ragen schon über ihre Umgebung weit empor, ungeachtet ihre Anpflanzung hauptsächlich erst Ende der sechziger Jahre erfolgte. Im Garten von La Mortola erreichte ein *Eucalyptus globulus* in sieben Jahren neunzehn Meter Höhe und fast anderthalb Meter im Umfang. Kein in Europa sonst bekannter Baum vermag Ähnliches zu leisten. Trotz so raschen Wachsthums zeichnet sich das Eucalyptusholz durch große Härte aus. An vielen Orten hat man Eucalypten angepflanzt, weil man der Ausdünstung derselben besondere heilsame Kräfte zuschrieb. Thatsächlich kommt aber den äußerst geringen Mengen von ätherischen Ölen, die sich um die Eucalypten verbreiten, kaum eine merklich desinficirende Wirkung zu. Dadurch hingegen, daß die Eucalypten rasch auf sumpfigem Boden wachsen und als immergrüne Pflanzen Sommer und Winter Wasser aus ihren Blättern

verdunsten, tragen sie zu dessen Trockenlegung bei. Die Hoffnung, daß die Extracte aus Blättern und Rinde der Eucalypten das Chinin ersetzen würden, war gleichfalls übertrieben. Kommt auch diesen Extracten eine gewisse febrifuge Wirkung zu und sind dieselben auch seit undenklichen Zeiten von den Eingeborenen Australiens gegen Malaria verwandt worden, so stehen sie doch dem Chinin ganz bedeutend nach. Im April sieht man die älteren Eucalyptusstämme an der Riviera sich mit großen weißen Blüthen bedecken, welche durch ihre äußerst zahlreichen, feinen und langen Staubgefäße auffallen. Der Kundige erkennt an diesen Blüthen, daß der Baum zu den myrtenartigen Gewächsen gehört. Eine Eigenthümlichkeit der Eucalypten ist es, daß deren Blüthenknospen sich mit einem runden Deckel öffnen, der als grüne, weißbereifte Mütze abgeworfen wird. Diese Deckel sieht man im Frühjahr in großen Mengen unter den Eucalyptusbäumen liegen; sie verbreiten, wenn man sie zertritt, einen sehr durchdringenden Geruch. Neuerdings hat sich die Industrie auch dieser Gebilde bemächtigt, und in Bordighera sah ich Kreuze und Rosenkränze, die aus trockenen, aufgefädelten Eucalyptusblüthen-Deckeln hergestellt waren.

Ganz junge Eucalyptusbäume, wie man sie auch bei uns, innerhalb der Gewächshäuser, sehen kann, zeigen zunächst ein von den älteren Bäumen durchaus verschiedenes Aussehen. Kaum glaubt man dieselben Pflanzen vor Augen zu haben. Die Blätter sind breit, stumpf, stengelumfassend, wagerecht gestellt, und erst an älteren Zweigen treten an deren Stelle die schmalen, zugespitzten, langgestielten Blätter auf, die senkrecht abwärts hängen. Damit verändert sich auch ihr innerer Bau. Zuvor zeigten sie verschiedene Structur auf ihren beiden Seiten, jetzt sind beide Seiten gleich. Beide Blattflächen werden ja an den hängenden Blättern in gleicher Weise von Lichtstrahlen getroffen. Sie brauchen aber gleichen Bau, um gleiche Arbeit zu verrichten. Aehnliche Einrichtungen treten uns bei vielen anderen Gewächsen Neuhollands entgegen und bestimmen geradezu den Charakter der dortigen Vegetation.

Der in Italien hauptsächlich cultivirte *Eucalyptus globulus* ist nicht der widerstandfähigste Vertreter seiner Gattung, wie er denn auch im strengen Winter 1890–91 an exponirten Stellen der Riviera gelitten hatte. Manche Arten trotzen besser der Kälte, und der *Eucalyptus Gunnii* gedeiht selbst in Whittingham bei Edinburgh.

Der hohen Schutzmauer der Seealpen, welche die kalten Nordwinde abhält, verdankt die Riviera di Ponente ihr mildes Klima. Diese Schutzmauer bedingt es auch, daß dort die Cultur der Agrumi erfolgreich betrieben werden kann. An zahlreichen Stellen der Küste, zwischen Nizza und Savona, gedeihen die Agrumi ebenso gut wie bei Neapel, während der Reisende das Innere von Ober- und Mittelitalien durchwandern kann, ohne sie zu erblicken. Unter der Bezeichnung »Agrumi« werden die Vertreter der

Gattung *Citrus* zusammengefaßt. Das Verzeichniß von La Mortola weist über zwanzig Arten oder Formen dieser Gattung auf. Man findet dort fast alle in Italien cultivirten Agrumi in engem Raum beisammen. Diese Pflanzen scheinen so fest mit dem italienischen Boden verwachsen zu sein, daß italienische Bilder stets der Phantasie des Nordländers vom Blüthenduft der Citrone durchweht und vom Glanze der Goldorange durchleuchtet erscheinen. Am meisten hat diese Vorstellung wohl das Mignonlied verbreitet, jenes Lied, das der Sehnsucht des Nordländers nach südlicheren Gestaden so unendlichen Ausdruck verlieh. So sehr die Agrumi aber auch in die italienische Landschaft zu gehören scheinen, so sind sie doch erst verhältnißmäßig spät in dieselbe gelangt und nur auf ganz bestimmte Theile von Italien beschränkt geblieben. Ihre Heimath liegt im fernen Asien, in Ostindien und Südchina; über den Orient schlugen sie aber zunächst ihren Weg nach Europa ein. Wie aus dem alten »Traité du Citrus« von Gallesio, dem Werke Victor Hehn's über »Culturpflanzen und Hausthiere«, Alphonse de Candolle's »Ursprung der Culturpflanzen«, endlich Flückiger's »Pharmacognosie« – von älteren Quellenwerken abgesehen – zu erfahren ist, war dasjenige, was im Alterthum zunächst »Citrum« hieß, das Holz von *Callitris quadrivalvis*. Auch diese nordafrikanische Conifere ist in dem Hanbury'schen Garten in vortrefflicher Entwickelung zu sehen. Ihr Holz liefert das Sandarac, ein Harz, das in erstarrten, weißen Thränen die Stammrinde deckt und aus der Wunde heraustropft, wenn ein Zweig abgeschnitten wird. Das schön gemaserte, wohlriechende Holz dieses Baumes stand bei den Römern in hohem Ansehen und diente im Besonderen zur Anfertigung von Kisten, welche wollene Kleider vor Motten schützen sollten. Als dann die Citrone den Römern bekannt wurde, und es sich zeigte, daß sie in ähnlich wirksamer Weise die Motten abhält, wurde der Name Citrum auf dieselbe übertragen. Von dem Gewächse, welches diese »*mala citria*« erzeugt, drang die erste Kunde nach Griechenland während der Kriegszüge Alexanders des Großen. Letztere waren es, welche den Orient und die Tropen der griechischen Cultur erschlossen. Sie brachten den classischen Ländern eine solche Fülle neuer Naturanschauungen, wie dies zum zweiten Mal in gleichem Maße nur durch die Entdeckung des tropischen Amerika wieder geschah. Ueber den Citronenbaum wurde berichtet, daß er ein wunderbares Gewächs der persischen und medischen Lande sei, und voll goldener Früchte hänge. Diese sollten nicht nur gegen Motten schützen, sondern auch als Gegengifte äußerst wirksam sein. Ja, es bildete sich, wie man in einem Werke des Athenaeos, eines Gelehrten, der zu Naukratis in Ägypten geboren wurde und um 228 n. Chr. starb, lesen kann, der Aberglaube, daß, wer von diesen Früchten gekostet habe, den Biß giftiger Schlangen nicht zu fürchten brauche. Jenes durch seine Citate sehr werthvolle und merkwürdige Werk des Athenaeos schildert ein fingirtes Gastmahl, welches von einem römischen Schlemmer und Schöngeist,

Künstlern, Dichtern und Gelehrten geboten wird, und bei welchem an die dargereichten Speisen und Getränke sich entsprechende Unterhaltungen knüpfen. Da erzählt ein gewisser Demokritos, sein Freund, der Statthalter von Ägypten, habe ihm mitgetheilt, daß zwei Verbrecher, die zum Tode durch giftige Schlangen verurtheilt waren, dem Biß derselben nicht erlagen, weil sie von einer Citrone zuvor aßen. Der Statthalter habe den Versuch absichtlich mit denselben Verbrechern zum zweiten Male wiederholt, aber nur dem einen von beiden eine Citrone dargereicht. Die Folge sei gewesen, daß dieser eine nur den Bissen der giftigen Nattern zu widerstehen vermochte, während der andere bald nach der Verwundung starb. Als bestes Schutzmittel gegen Gift empfiehlt der Erzähler eine in Honig zerkochte Citrone. Man müsse von diesem Gegengift früh am Morgen eine kleine Menge zu sich nehmen und sei dann den ganzen Tag über vor Vergiftung sicher. Dem Aberglauben, der solche Vorstellungen nährte, liegt wie auch sonst in ähnlichen Fällen, ein Fünkchen Wahrheit zu Grunde. Thatsächlich ist die Citrone durch sehr starke fäulnißwidrige Eigenschaften ausgezeichnet, Eigenschaften, die sie auch heute noch als Antisepticum sehr schätzbar machen. Schon im Alterthum hatte man richtig erkannt, daß der Saft der Citrone den Athem verbessere. Ein Vergnügen konnte es damals nicht sein, Citronen zu genießen, denn es waren thatsächlich nicht unsere jetzigen »Citronen«, vielmehr Cedraten oder Citronat-Citronen, die uns nur eingemacht schmecken. Diese Cedraten heißen auch heute noch »Cedro« bei den Italienern. Saftiges Fruchtfleisch ist ihnen nicht eigen; sie bestehen fast ausschließlich nur aus Schale, und diese ist es, die, in Zucker eingekocht, die Citronate liefert. Die Cedraten erreichen meist bedeutendere Größe als die Citronen, sind letzteren im Übrigen ähnlich. Ihre Form variirt aber bedeutend, und da viele Abänderungen durch Veredelung fixirt worden sind, so bekommt man neben stark in die Länge gezogenen auch fast runde Cedraten zu sehen. Das gab sogar Veranlassung zur Aufstellung verschiedener Arten innerhalb dieses Formenkreises, wie es denn überhaupt schwer fällt, zu unterscheiden, was Art und was nur Abart in der Gattung Citrus ist. Eine rundliche durch stark höckerige Schale und feinen Wohlgeruch ausgezeichnete Frucht, die auch zu den Cedraten gehört, wird als Adamsapfel oder Paradiesapfel unterschieden. Sie galt als die Frucht vom Baume der Erkenntniß und findet als solche beim Laubhüttenfest der Juden heute noch Verwendung. Die gesuchtesten Früchte zu diesem Fest werden aus Corsica, Corfu, Marocco und Palästina eingeführt und können bei vorgeschriebener Form sehr hohen Geldwerth erreichen.

Der Cedratenbaum kam bei den Römern sehr in Mode, und man sah ihn, in Kübeln gepflanzt, die Säulenhallen der Villen und die Gärten schmücken. Vom dritten Jahrhundert an wird er auch, als im freien Lande gedeihend, beschrieben. Heut noch wird er in Italien viel gezogen und zeichnet sich vor allen anderen Agrumi dadurch aus, daß er das ganze Jahr hindurch Blüthen und Früchte trägt.

Der Baum, der die Frucht zeitigt, welche wir als Citrone bezeichnen, die aber richtiger auch bei uns Limone heißen müßte, kam durch Vermittlung der Araber erst im zehnten Jahrhundert nach Süd-Europa, zunächst nach Spanien, dann wohl auch nach Sicilien. Er fehlte hingegen noch an der ligurischen Küste, wohin ihn erst gegen Ende des elften Jahrhunderts die Kreuzfahrer aus Syrien und aus Palästina brachten. Mit den Limonenbäumen zugleich gelangten die Pampelmusen und die bitterfrüchtigen Pomeranzenbäume an die Riviera, und Ligurien blieb überhaupt lange Zeit das Land, in welchem die Cultur der Agrumi am meisten betrieben wurde. Einen bedeutenderen Aufschwung gewann die Cultur freilich auch dort erst im vierzehnten Jahrhundert, als die Ansprüche an die Genüsse des Lebens sich zu steigern begannen. Sie verbreitete sich in Italien zugleich mit der Limonade, deren Zubereitung man von den Orientalen lernte. Unter dem Cardinal Mazarin war es, daß auch in Paris die ersten »Limonadiers« auftraten, um bald eine ähnliche Rolle wie heut die »Cafetiers« zu spielen. Die Limone, durch die nämlichen, fäulnißwidrigen Eigenschaften wie die Cedrate ausgezeichnet, lieferte in der That nicht nur ein erfrischendes, sondern zugleich auch ein antiseptisches Getränk. In den der zweiten Hälfte des sechzehnten Jahrhunderts angehörenden Kräuterbüchern des Tabernaemontanus, »der Arzney Doctoris und Chur-Fürstlicher Pfaltz Medici zu Neuwhausen«, heißt es, daß der Citronensaft »nicht allein wider die innerliche Fäulung und das Gifft sehr gut und kräftig« sei, sondern auch »gegen alle Traurigkeit und Schwermüthigkeit des Hertzens und die Melancholey«. Die Rinde widerstehe dem Gift: »Dann zur Zeit der Pest soll man sie im Mund halten, auch ein Rauch damit machen.« – Der Citronensaft gilt auch heute noch als eines der wirksamsten Mittel gegen den Scorbut, die bekannte Mund- oder Zahnfleischfäule, der die Seefahrer besonders unterworfen sind. Daher jetzt die englische Marine, und nach ihrem Beispiel auch andere, Citronensaft in wohlverschlossenen Flaschen auf ihren Schiffen führen.

Ich bemühte mich festzustellen, woher der jetzt noch ziemlich verbreitete, früher fast allgemeine Brauch stammt, daß die Leichenträger bei Begräbnissen eine Citrone in der Hand halten. Ursprünglich ist er durch die fäulnißwidrigen Eigenschaften und den starken Geruch der Citrone veranlaßt worden, dann hat er symbolische Bedeutung gewonnen. Die Symbolik hat sich in mannigfaltiger Weise der Citrone bemächtigt. So heißt es in J. B. Friedrich's Werke: »Die Symbolik der Mythologie der Natur«: »Das Aromatische, Erquickende und Belebende der Citrone hat sie zum Symbole des Lebens und des Schutzes gegen das Lebensfeindliche gemacht. Daher schützt nach altem Glauben die Citrone gegen Bezauberung, daher trägt das indische Weib, welches sich nach dem Tode seines Gatten verbrennen läßt, auf seinem Gange zum Scheiterhaufen eine Citrone in der Hand als Sinnbild ihres zukünftigen Zusammenlebens mit dem Gatten; daher die noch übliche Sitte, daß bei einem Leichenbegängnisse die Leidtragenden die das neue Leben des Abgeschiedenen symbolisirende Citrone in der Hand tragen; daher endlich die Sitte des zum ersten Mal zur Communion gehenden Kindes, eine Citrone zu tragen, weil es durch die Communion ein neues Leben durch seinen erneuerten Bund mit Gott eingeht.«

Der Pampelmusbaum (*Citrus decumana*) fällt durch die Größe auf, die seine Früchte erreichen. Dieselben haben süß-säuerlichen Geschmack und werden mit Wein und Zucker gegessen. Einzelne Früchte können unter Umständen bis sechs Kilo Gewicht erlangen.

Der bittere Pomeranzenbaum ist durch besonders aromatische Blätter und Blüthen ausgezeichnet. Die Früchte zeichnen sich durch ihre goldige Färbung aus. Sie werden frisch nicht genossen, wohl aber gelten die in Zucker eingemachten Schalen derselben als besonders wohlschmeckend. Auch dienen die Blätter, Blüthen und die unreifen Früchte zur Gewinnung ätherischer Öle und spielen letztere außerdem eine wichtige Rolle bei der Liqueurfabrikation. Da der Stamm der bitterfrüchtigen Pomeranze sich als besonders widerstandsfähig erwiesen hat, so verwendet man ihn auch häufig als Unterlage, auf welcher andere Citrus-Arten veredelt werden.

Der süßfrüchtige Pomeranzenbaum gelangte wesentlich später nach Europa als die bisher genannten Agrumi. Man nahm ziemlich allgemein bis vor Kurzem an, die Portugiesen hätten ihn erst gegen Mitte des sechzehnten Jahrhunderts, und zwar angeblich im Jahre 1548, aus dem südlichen China mitgebracht; ja man zeigte im Garten des Grafen von St. Lorenzo zu Lissabon einen Orangenbaum, der der eingeführte Urbaum sein sollte. Aus den Schriften von Galesio, Targioni und Goeze scheint aber hervorzugehen, daß die süße Pomeranze schon wesentlich früher die Gärten Spaniens und Italiens schmückte; sie muß bereits im Laufe des vierzehnten Jahrhunderts nach Europa gelangt sein. Galesio sucht es wahrscheinlich zu machen, daß die Cultur der süßen Orange auch an der Riviera bis ins fünfzehnte Jahrhundert zurückreicht, doch ist seine Beweisführung nicht überzeugend. So berichtet Galesio über ein aus den Acten der Stadt Savona vom Jahre 1471 sich ergebendes Geschenk von eingemachten Citronen und Limonen und frischen Citruli, welches die Stadt Savona ihrem Gesandten in Mailand machte. Da nun die als »Citruli« bezeichneten Früchte frisch gesandt wurden, hält sie Galesio für **süße** Orangen, da der Gesandte in Mailand wohl keine **bitteren** hätte essen mögen. In dem Archiv eines Notars in Savona ist andererseits ein Verkaufsact vom Jahre 1472 über eine Schiffsladung von 15 000 Citranguli oder Cetroni aufgefunden worden, und Galesio frägt sich, was man wohl mit 15 000 bitteren Pomeranzen angefangen hätte. Auf diese

Frage kann man ihm die Antwort schuldig bleiben, ohne daß dadurch der Nachweis, daß es sich wirklich um süße Orangen gehandelt habe, beigebracht sei. Ja eine solche Annahme müßte um so gewagter erscheinen, als thatsächlich schon Matthaeus Silvaticus in Salerno, der Verfasser des 1317 beendigten *Opus pandectarum medicinae* die **bittere** Pomeranze als *Citrangulum* bezeichnet und diese Bezeichnung auch von den Übersetzern arabischer Werke von ihm benutzt wurde, um den arabischen Namen *narindj* wiederzugeben. Andererseits zeigt die heute noch in Italien übliche Anpreisung der süßen Pomeranze als »Portogallo« deutlich den Ursprung der jetzt dort cultivirten Früchte an. Mögen es somit auch nicht die Portugiesen gewesen sein, welche die süße Pomeranze in Europa einführten, so haben wir denselben doch die bessere, jetzt beliebte Sorte dieser Frucht zu danken. Die chinesische Heimath der süßen Pomeranze dagegen kommt in dem deutschen Namen »Apfelsine«, ursprünglich »Sinaapfel« oder »chinesischer Apfel«, zur Geltung. Der deutsche Name wurde von den Russen, den Grenznachbarn der Chinesen adoptirt; bezeichnend genug, meint Victor Hehn, für die Umwälzung im Weltverkehr, der seit Vasco de Gama nicht mehr quer durch das Gebiet von Asien, von Ost nach West, vielmehr aus dem Ocean in umgekehrter Richtung sich vollzog.

Der Name »Orange« stammt aus dem Sanskrit und ist auf *nagarunga* oder *nagrunga* zurückzuführen. Die Araber hatten daraus *Narunj* gebildet, die Italiener *Naranzi*, *Aranci*, die Franzosen schließlich Orange. Die mittelalterliche Bezeichnung *»poma aurantia«* Goldäpfel, ist somit nur dem Klange nach dem Worte »Orange« ähnlich. Aus »poma aurantia« ging dann aber das deutsche »Pomeranze« und das polnische *»Pomarańcza«* hervor.

Daß unter den goldenen Äpfeln der Hesperiden, die Herakles, der Sage nach, aus dem fernen Westen holte, nicht Orangen gemeint sein konnten, geht aus der Geschichte jener Früchte genugsam hervor. Die goldenen Äpfel der Hesperiden waren vielmehr idealisirte Quitten. Der Aphrodite geweiht, dienten sie dauernd in Hellas als Preise bei Liebesspielen und prangten unter den bräutlichen Gaben.

Wie schön ein Apfelsinenbaum bei voller Kraftentfaltung werden kann, wenn ihn Tausende von goldenen Früchten schmücken, das läßt sich freilich kaum an der Riviera, ja nicht einmal in Sorrent ermessen. Völlig ausgewachsene, üppig entfaltete Orangenbäume von der Größe unserer Apfelbäume, sah ich erst am Fuße des Ätna. Theobald Fischer gibt in seinen »Beiträgen zur physischen Geographie der Mittelmeerländer« an, daß ein ausgewachsener, gut gehaltener Apfelsinenbaum in Sicilien sechs- bis siebenhundert, ein Limonenbaum sogar tausend bis elfhundert Früchte liefert. Im Durchschnitt könne man auf den Hektar Agrumen bei Palermo 3000 Lire Rohgewinn rechnen, und was das sagen will, geht daraus hervor, daß die einträglichsten Gärten bei Paris es nur zu einem Rohgewinn von 2500 bis 2700 Francs auf den Hektar bringen.

Es gibt eine Unzahl von Apfelsinensorten, von denen zu uns aber nur einige wenige gelangen, darunter die jetzt immer beliebter werdende blutfarbige, die »Orange von Jericho«.

Auch die als besondere Art der Gattung Citrus geltenden Mandarinen (*Citrus nobilis*) sind Gegenstand bedeutenden Exportes aus Italien geworden. Der Mandarinenbaum gedeiht an der Riviera sogar besser, als der Apfelsinenbaum. Er ist in allen Theilen kleiner, und an seinem buschig-runden Wuchs unschwer zu erkennen. In China und Cochinchina steht er seit undenklichen Zeiten schon in Cultur, in Europa hingegen tauchte er erst im Jahre 1828 auf.

In dem Garten von La Mortola ist auch die *Citrus bergamia* zu finden, aus deren Fruchtschalen das äußerst wohlriechende Bergamottöl gewonnen wird; desgleichen steht dort die *Citrus myrtifolia*, deren sehr kleine Früchte, in Zucker eingesotten, die beliebten »Chinois« liefern. Es fehlt auch nicht die süße Limone oder Limette, die nur eine Abart der sauren Limone ist und wie die süße Orange gegessen wird.

Eigenartig sieht die *Citrus trifoliata* aus, ein aus Japan stammender Strauch, der dreitheilige Blätter trägt und mit großen scharfen Dornen bewaffnet ist. An seinen Blüthen und Früchten kann man ihn als Citrus-Art erkennen, sonst macht er wirklich nicht diesen Eindruck. Er verträgt die Kälte so gut, daß man ihn selbst in Paris im Freien sieht.

Besonders fällt in dem La Mortola-Garten eine monströse Orangenform auf, die der Katalog als »*Citrus Aurantium var. Buddhafingered*« bezeichnet. Die Mißbildung beruht darauf, daß die einzelnen Fruchtfächer, aus welchen die Orange aufgebaut ist, statt zu einer runden Frucht vereinigt zu bleiben, an ihren Enden frei hervorwachsen. Dadurch bekommt diese Frucht eine Anzahl von Fortsätzen und erinnert entfernt an eine Hand mit vorgestreckten Fingern. Diese Ähnlichkeit hat in Indien den Vergleich mit »Buddha's Hand« veranlaßt und abergläubische Vorstellungen erweckt. Ganz ähnliche Mißbildungen kommen auch, in mannigfacher Verschiedenheit, bei den Citronen und Limonen vor und werden durch Veredlung festgehalten.

Weitaus der merkwürdigste Baum in der Reihe der Agrumi ist die Bizzarria, welche der La Mortola-Garten ebenfalls besitzt. Schöner entwickelt sah ich diese Pflanze im botanischen Garten zu Neapel. Die Bizzarria trägt zugleich Orangen, Citronen und Limonen. Sie weist auch Früchte auf, welche die Mitte zwischen jenen Fruchtformen halten, endlich auch Früchte, an welchen einzelne Fächer das Aussehen von Orangen, andere dasjenige von Limonen oder Citronen besitzen. Es sind Bizzarrien beschrieben worden, deren Früchte die Bestandtheile von fünf verschiedenen Fruchtformen der Agrumi in sich vereinigten. Die Entstehung der Bizzarrien ist bis jetzt nicht endgültig aufgeklärt worden. Die Einen halten sie für Bastarde, während Andere meinen, sie seien bei der Veredelung durch zufällige Vermischung der Eigenschaften der Unterlage und des Edelreises entstanden. Letzteres wäre sehr merkwürdig, da die Erfahrung, die wir täglich bei der Veredelung unserer Obstbäume, der Rosen und anderer Gewächse machen, sonst lehrt, daß die Unterlage ohne allen Einfluß auf das Edelreis bleibt, daß beide ihre Eigenschaften unvermischt behalten. – Die Bizzarrien sind seit der Mitte des siebzehnten Jahrhunderts bekannt. Sie mußten ja von Alters her durch ihr merkwürdiges Verhalten die Aufmerksamkeit auf sich richten. Zum ersten Mal wird über die Bizzarria im Jahre 1644 berichtet und angegeben, daß sie im Garten Panciatichi in Florenz wachse. Im Jahre 1711 beschäftigte sich die französische Academie der Wissenschaften mit derselben und kam zu dem eigenthümlichen Schluß, sie sei eine ursprüngliche Pflanzenart eben so gut wie die Orange oder die Citrone.

In unserem nordischen Garten wird übrigens auch ein kleiner Baum cultivirt, der sich ähnlich wie die Bizzarria verhält. Es ist ein Goldregen, der dem Gärtner zu Ehren, der ihn in den Handel einführte, *Cytisus Adami* genannt wird. Sein Ursprung ist ebenso wenig wie derjenige der Bizzarrien aufgeklärt. Dieser äußerst zierliche und interessante Baum, der sich leicht cultiviren läßt und bei keinem Gartenliebhaber fehlen sollte, trägt zur Blüthezeit der Hauptsache nach Blüthentrauben, die ganz so wie diejenigen des gewöhnlichen Goldregens (*Cytisus Laburnum*) gebaut, aber nicht gelb, sondern mattroth sind. An einzelnen Zweigen sind aber auch reingelbe Blüthentrauben, die sich dann von denjenigen des gewöhnlichen Goldregens gar nicht mehr unterscheiden, zu sehen. Außerdem trägt der Baum an besonders gestalteten kleinblätterigen Zweigen purpurne Einzelblüthen, welche, so wie die Zweige selbst, einer anderen Cytisus-Art, dem *Cytisus purpureus* gleichen. Endlich kommen gemischte Blüthentrauben mit gelben und rothen Blüthen und mit Blüthen, die zum Theil gelb, zum Theil roth sind, vor. Nur die gelben Blüthen, die denjenigen des *Cytisus Laburnum*, und die purpurnen Blüthen, die denjenigen des *Cytisus purpureus* gleichen, setzen Früchte an, die anderen verhalten sich wie häufig sonst die Blüthen der Bastardpflanzen, sie sind unfruchtbar. Es ist möglich, daß es sich bei *Cytisus Adami* um einen eigenartigen Bastard zwischen *Cytisus Laburnum* und *Cytisus purpureus* handelt; der Gärtner Adam zu Vitry bei Paris gab seinerseits an, ihn durch Veredelung von *Cytisus purpureus* auf *Cytisus Laburnum* erhalten zu haben.

In den Gärten von der Mortola wird Jeder gern auch den Namen und die Heimath von zwei Pflanzen erfahren wollen, die ihm in den Gärten der Riviera sicher zuvor schon aufgefallen sind: nämlich der *Wigandia Caracasana* und des *Echium frutescens* Die erstere ist eine stattliche, aus Venezuela stammende Blattpflanze, die bis zwei Meter Höhe erreicht. Ihre sehr großen Blätter sind elliptisch, am Rande doppelt gezähnt, beiderseits behaart, an der Oberseite etwas rostfarbig. Die großen violetten, mit gelben Staubfäden versehenen Blüthen bilden ährenförmige Blüthenstände. Wie bei anderen Vertretern derselben Familie, der Hydrophyllaceen und der nah verwandten Familie der Boragineen oder der Boretsch-Gewächse, sind die Blüthenstände von Wigandia in ihrem oberen Theile schneckenförmig eingerollt. Der eingerollte Theil ist noch unfertig und rollt sich in dem Maße auf als seine Blüthenknospen reifen. Solche Einrichtungen gewähren den Vortheil einer sehr langen Blüthezeit. Da kann die blühende Pflanze schlechte Witterung, oder sonst wie ungünstige Zeiten überdauern, ohne daß ihre Samenbildung ganz verhindert werde. Wie diese verhältnißmäßig große Wigandia, so gehörte zu derselben Familie der Hydrophyllaceen das in unseren Gärten häufig cultivirte bescheidene Hainschönchen, die *Nemophila insignis*; zu den nah verwandten Boragineen rechnen wir von unseren Gartengewächsen unter anderen das als Küchengewächs wohlbekannte Gurkenkraut (*Borago*), von wildwachsenden Pflanzen unserer Flora den nicht minder verbreiteten Natterkopf (*Echium vulgare*). Das in den Gärten der Riviera so auffällige, oft bis zwei Meter hohe, mexikanische Echium frutescens, ist eigentlich nur eine Riesenausgabe dieses letzteren. Wer unseren Natterkopf kennt, wird auch jenes Riesen-Echium erkennen und unter den anderen Gewächsen des Gartens sicher herausfinden. Es trägt dieselbe blaue, kolbenförmige Blüthenähre wie unser Echium, nur fällt dieselbe eben durch ihre Größe auf.

Doch wir wenden uns nun einem Baume zu, dessen Zweige einst wie jetzt den Sieger schmückten, dessen Blättern freilich auch die bescheidene Aufgabe zufällt, unsere Speisen zu würzen. Der edle Lorbeer, der mit italischen Bildern ebenso wie die Agrumi verwebt erscheint, ist in Südeuropa sicher heimisch gewesen, sein Cultus pflanzte sich hingegen allem Anschein nach von Kleinasien über das Mittelmeer fort. Er wurde dem Apoll geweiht und in dem Maße, wie die Zahl apollinischer Heiligthümer in Griechenland zunahm, breiteten sich auch die aromatisch duftenden, immergrünen Lorbeerhaine immer mehr über dieses Land aus. Mit den griechischen Gottheiten gelangte der Lorbeerbaum auf italischen Boden, und es begleitete ihn dort zugleich als Cultus-Gewächs die der Aphrodite geweihte Myrte.

Allgemein war im Alterthum der Aberglaube, daß der Lorbeer gegen Dämonen, gegen Zauber und auch gegen Ansteckung schütze. So suchte, wie berichtet wird, der furchtsame Commodus im Lorbeerhaine Rettung, wenn die Pest im Anzug war. Kronen von Lorbeer legte man Wahnsinnigen um Schläfe und Hals, um sie zu heilen. Lorbeerfrüchte oder -Blätter genossen die Priester des Apollo, wenn sie weissagen sollten; Lorbeer trugen Propheten, wenn sie eine Stadt betraten. Der Lorbeer sühnte das vergossene

Blut. Daher die römischen Legionen sich, ihre Feldzeichen und Waffen mit Lorbeer reinigten, gleich nach dem Siege. Das hatte den Lorbeer folgerecht auch zur Trophäe des Sieges und zum Zeichen der glücklich vollbrachten Waffenthat gemacht. Als eine Freude und als ein Glück verheißendes Augurium wurde verkündet, es sei am Tage, an welchem Augustus das Licht der Welt erblickte, ein Lorbeer vor dem Palatin entsprossen. Die reinigende Kraft des Lorbeers veranlaßte dessen Verwendung zu Aspergillen. Der Strenggläubige besprengte sich beim Eintritt wie beim Ausgang aus dem Tempel mit dem Lorbeerzweig, den er in das Weihwasser tauchte, und gern auch nahm er beim Herausgehen ein Lorbeerblatt vom Sprengwedel in den Mund. Die römisch-katholische Kirche hielt sich nicht an den Lorbeer als Sprengwedel, übernahm vielmehr den Ysop (*Origanum Smyrnaeum*) zu gleichem Zwecke von den Juden.

Der Lorbeer brennt, nach Plinius, nur unwillig und zeigt dies durch sein Knistern an. Der feuerabwehrenden Kraft des Lorbeers wurde es zugeschrieben, daß bei dem großen Brande Roms unter den Consuln Spurius Postumius und Piso, als die Regia in Flammen stand, das Sacrarium unversehrt blieb, da ein Lorbeer vor demselben stand. Andererseits war es gerade das Lorbeerholz, das im Alterthum zur Erzeugung des Feuers diente; doch fing es nicht selbst Feuer, es bildete vielmehr, wie uns Theophrast und Plinius berichten, das Reibholz, während die Unterlage, die durch Reibung entzündet wurde, meist aus Wegedorn (*Rhamnus*) oder aus Epheuholz bestand. Ein reines Feuer zu den Sacra durfte nur der Reibung zweier glückbringender Hölzer entstammen, oder den Sonnenstrahlen, die man mit Hülfe von Brenngläsern oder von metallischen Hohlspiegeln sammelte. Der Lorbeer sollte auch die Blitze abwehren. Daher auch der abergläubische Tiberius, wie Suetonius berichtet, sich mit Lorbeer bekränzte, wenn ein Gewitter nahte. Gewisse Erfahrungen mögen die Vorstellung erweckt haben, daß dem Lorbeer bei Gewittern besondere Kräfte innewohnen. Denn es werden nicht alle Bäume gleich häufig vom Blitze getroffen. Auch bei uns schlägt der Blitz fast niemals in Wallnußbäume ein, am häufigsten aber in Eichen. Es hängt das mit der elektrischen Leitungsfähigkeit des Holzkörpers zusammen, die bei den einzelnen Baumarten eine verschiedene ist. Aus den angestellten Versuchen und dem statistischen Material scheint sich zu ergeben, daß Bäume, die zur Jahreszeit der Gewitter verhältnißmäßig viel fettes Oel in ihrem Holzkörper führen, dem Blitzschlag am wenigsten ausgesetzt sind. Abgestorbene Aeste an einem Baume erhöhen für denselben die Blitzgefahr. Daß die Eichen am häufigsten vom Blitze getroffen werden, mußte von jeher auffallen, daher die Eiche auch dem Donnergott geheiligt war. Von dem Lorbeer ist die gegentheilige Erfahrung weniger sicher, zum Mindesten ist sie in Zweifel gezogen worden.

Zu den Lorbeerarten gehört auch der Campherbaum (*Laurus Camphora*), der im westlichen China und in Japan zu Hause ist und im La Mortola-Garten sehr gut gedeiht. Völlig ausgewachsen, kann er bis fünfzig Meter hoch und sechs Meter dick werden. Seine Blätter verbreiten beim Zerreiben einen merklichen Camphergeruch. Der Campher wird aber im Großen nicht aus den Blättern, sondern aus dem Holzkörper dieses Baumes durch Sublimation gewonnen.

Die zu den Laurineen gehörenden Zimmetbäume sind in La Mortola ebenfalls zu sehen, freilich nicht die wichtigste Art derselben, das in Ceylon heimische *Cinnamomum ceylanicum,* sondern zwei chinesische und japanische Arten. Der Zimmet des Handels besteht aus der Rinde junger Schößlinge, welche nach starken Regengüssen geschnitten und geschält werden.

Im schroffen Gegensatze zu diesen duftenden Pflanzen steht eine andere Laurinee, ein hier prächtig gedeihender, immergrüner Baum, dessen Name: *Orcodaphne californica*, zugleich die Heimath angibt. Häufig wird er in den Gärten als *Laurus regalis* bezeichnet. Er gleicht in der That in seinem Aussehen einem Lorbeer, zerreibt man aber eines seiner Blätter zwischen den Fingern, so strömt ein ätherisches Öl aus, dessen geringste Mengen schon in hohem Grade die Schleimhaut der Geruchsorgane angreifen. In Californien verweilt man nicht gern in der Nähe eines solchen Baumes, wenn der Wind von dessen Seite weht, denn die flüchtigen Öle, mit denen er sich beladen. hat, reizen zum fortdauernden Niesen.

Man wird sich in La Mortola auch mit einer anderen Laurinee, der *Persea gratissima*, bekannt machen können, welche in den Gärten der Tropen viel cultivirt wird und die Aguacatebirnen liefert. Die Krone dieses schönen Baumes breitet sich domartig aus, seine Blätter gleichen denjenigen des Lorbeers. Die birnförmigen, doch oft auch sehr unregelmäßig gestalteten Früchte sind große Steinfrüchte, mit einem Kern im Innern. Ihr Fleisch schmilzt wie Butter auf der Zunge und erinnert im Duft an die feinsten Moschusmelonen. Die Mexikaner essen die Aguacaten vornehmlich als Salat und suchen sich in der schmackhaften Zubereitung derselben zu überbieten.

Auch noch einige andere tropische Früchte reifen gut im La Mortola-Garten, so die Guavas oder Guayaben, welche man von zwei Psidiumarten dort erntet. Die Gattung Psidium gehört zu den Myrten-Gewächsen und wird in allen Tropenländern cultivirt. Die Guavas vertreten dort in gewissem Sinne unsere Stachelbeeren, denn sie sind eben so fruchtbar, beginnen rasch Früchte zu tragen und lassen sich leicht vermehren. Sie wachsen zu Sträuchern oder kleinen Bäumen mit immergrünen Blättern empor und tragen Früchte, die in ihrer Größe zwischen der Wallnuß und dem Hühnerei schwanken. Diese Früchte werden ohne Zuthat oder mit Wein und Zucker gegessen. Manche erinnern an Erdbeeren, andere besitzen einen süßsäuerlichen Geschmack, andere noch einen so durchdringenden Duft, daß sie nicht Allen munden. Sehr geschätzt werden auch die Guavas-Gelées in den Tropen, und man beginnt dieselben auch nach Europa einzuführen.

Eine andere in La Mortola cultivirte Myrtacee, die *Jambosa vulgaris*, liefert »Rosenäpfel«, welche den Geschmack reifer Aprikosen haben und nach Rosenwasser duften. Der Baum selbst ist reich verzweigt und trägt immergrüne Blätter, die in ihrer Gestalt den Pfirsichblättern gleichen.

Wichtig sind, mehr noch ihres Holzes als ihrer Früchte wegen, die zu den Ebenholzbäumen gehörenden Diospyros-Arten. Der japanisch-chinesische *Diospyros Kaki*, den man in La Mortola zieht, liefert die Kakis. Ein kleiner Baum mit eirunden Blättern, gelblichweißen Blüthen und runden, etwa pfirsichgroßen, röthlichgelben Früchten. Diese Früchte müssen überreif werden, um feinen Geschmack zu gewinnen, dann halten sie die Mitte zwischen Pflaumen und Aprikosen. An der Riviera reifen die Kakis im October. In Japan benutzt man auch das Holz dieser Bäume, das dem Holz unserer Wallnußbäume ähnelt. Doch weit übertroffen wird das Kakiholz von dem Holz der südindischen und ceylonischen *Diospyros Ebenum* und anderen ihm nahe verwandten Arten, welche das Ebenholz liefern. Das schwarze Kernholz dieser Bäume war schon im Alterthum bekannt. Es galt als das geschätzteste Holz jener Zeiten. Nicht nur Theophrast, sondern auch das alte Testament sind seines Lobes voll. Seine Dichte und seine dunkle Färbung verleihen ihm so hohen Werth; durch seine Schwere ist es leicht von anderen schwarz gebeizten Hölzern zu unterscheiden.

Die zu den Anacardiaceen gehörige ostindische *Mangifera indica*, den Mango-Baum, der die köstlichste Frucht der Tropen liefert, gelang es bis jetzt nicht in La Mortola zu erhalten. Wohl aber wird man zahlreiche andere Anacardiaceen sehen. Zu diesen gehört auch der mit hellgrünen gefiederten Blättern und mit rothen Fruchttrauben versehene Baum, dem man so oft in den Gärten und an den Straßen der Riviera begegnet und der *Schinus Molle* heißt. Dieser Baum wird als Pfefferbaum bezeichnet. Mit dem echten Pfeffer haben seine pfefferkorngroßen Beeren aber nichts gemein. Der echte Pfeffer stammt vielmehr von schlanken ostindischen Lianen (*Piper nigrum*), die nach Art des Epheus klettern und mit Luftwurzeln an der Unterlage haften. Die Fruchttrauben von *Schinus Molle* sind aber denjenigen des Pfeffers wirklich ähnlich und nähern sich dem Pfeffer auch im Geschmack. Ein Getränk, das in Peru und Brasilien aus diesen Beeren dargestellt wird, soll an Wein erinnern. Es liegt für uns nahe, auch die in La Mortola cultivirten Vertreter der Gattung Zizyphus zu beachten. Befindet sich doch unter denselben der in Südeuropa und an der nordafrikanischen Küste einheimische *Zizyphus lotus*. Im Alterthum wurden mehrere Pflanzen Lotus genannt, doch ist *Zizyphus lotus* allem Anschein nach jener Strauch, den Theophrast als Lotus bezeichnet. Von den Früchten dieses Strauches wäre somit schon bei Homer die Rede. Sie bildeten ein wichtiges Nahrungsmittel der Armen, und die Bewohner von Tunis und Tripolis hießen, weil sie sich vornehmlich von diesen Früchten ernährten, Lotophagen. Die Pflanzengattung Zizyphus gehört zu den Kreuzdorn-Gewächsen (*Rhamneen*). Die Früchte von *Zizyphus lotus* sind so groß wie Schlehen; ihr mehliges Gewebe, das den inneren Kern umgibt, kann zu Brod verbacken werden und auch ein gährendes Getränk liefern. Aus den Früchten anderer Arten, so vor Allem des *Zizyphus vulgaris*, eines in Syrien heimischen Bäumchens, und von *Zizyphus jujuba*, einem Bäumchen, das in Ostindien wächst, werden die früher sehr beliebten Jujubapasten dargestellt. Von *Zizyphus spina Christi*, einem im Thale des Jordan und am Todten Meere verbreiteten dornigen Strauche, dem Nebeg oder Sfidr, geht die Sage, aus ihm sei die Dornenkrone Christi geflochten worden. Man hat auch die in unseren nordischen Gärten cultivirten dornigen Gleditschien als Christus-Akazien bezeichnet und mit ihnen die Vorstellung von Christi Dornenkrone verknüpft, doch dies unter allen Umständen mit Unrecht, da die Gleditschien erst im achtzehnten Jahrhundert aus Nordamerika eingeführt wurden. Die Zizyphus-Arten werfen des Winters ihre Blätter ab, treiben aber zeitig im Frühjahr und bedecken sich mit sehr dunklem Laub. Da sie sehr dünne Zweige haben, hängen diese abwärts und gewähren mit den sich röthenden Früchten beladen, später ein sehr zierliches Bild.

Unter den Anacardiaceen von La Mortola, die ein besonderes Interesse bieten, befindet sich auch der echte Pistazienbaum (*Pistacia vera*), dann die *Rhus succodanea*, welche das japanische Baumwachs liefert, sowie die *Rhus vernicifera*, aus deren Milchsaft die Japaner den berühmten japanischen Lack bereiten. Das Ausfließen dieses sehr giftigen Milchsaftes wird durch Einschnitte in die Rinde veranlaßt. Um den Lack aus ihm zu machen, versetzt man ihn mit dem Öle von *Bignonia tomentosa*, oder von *Perilla ocymoides* und fügt auch wohl Zinnober hinzu. Die *Rhus vernicifera* hält im Freien selbst in den wärmeren Theilen von Deutschland aus.

Ein äußerst niedlicher Strauch ist *Capparis spinosa*, welcher die echten Kapern liefert. Im Blüthenschmuck sieht man ihn erst im Herbst, und wer einmal um jene Zeit, am Comer See entlang, von Cadenabbia nach Tremezzo wanderte, dem werden sicher vor dem Eingang in den letzten Ort die dunkelgrünen Kapernsträucher an der Mauer, wegen ihrer schönen Blüthen, aufgefallen sein. Lange violette Staubgefäße in großer Zahl strahlen aus der schneeweißen zarten Blüthenhülle hervor, freilich hier so hoch an der Mauer, daß man sie nur schwer erreichen kann. An vielen Orten der Riviera wird der Kapernstrauch im Großen gezogen, seine Blüthenknospen sind es und nicht die Früchte, die als Kapern dienen. Man pflückt sie im Sommer und legt sie in Weinessig ein; viel Tausende von Kilogrammen Kapern werden so in der Provençe bereitet.

Staunend bleibt man wohl im La Mortola-Garten vor einer Nachtschattenart, dem baumartigen *Solanum Warszewiczii*, stehen, an welchem Früchte von Größe und Gestalt der Hühnereier hängen. Dann bemerkt man auch das krautartige *Solanum Melongena*, dessen gurkenförmige violette Früchte gekocht werden, und oft als Gemüse den Braten an italienischer Tafel garniren.

Unter den krautartigen Gewächsen fallen uns auch wohl manche Doldenpflanzen (Umbelliferen) durch ihre Größe auf. Sie sind bei weitem mächtiger noch als die Meisterwurz, die *Imperatoria*, unserer Gärten entwickelt. Besonders imponirt *Ferula communis*, das Stecken- oder Ruthenkraut, das auch eine eigene Geschichte besitzt. Dieses Doldengewächs, das am Mittelmeer zu Hause ist, kann eine Höhe bis zu vier Meter erreichen. Den Stengel benutzte man im Alterthum zu Spazierstöcken und seiner Zähigkeit wegen auch zum Züchtigen von Sklaven und Kindern, wozu man ihn zuvor im Wasser einzuweichen pflegte. Davon kommt der Name *Ferula*, der von *ferire* (geißeln) abgeleitet ist. Das Mark des Stengels ist sehr locker und wird heute noch in Sicilien als Zunder benutzt. Das Feuer glimmt in diesem Mark fort, und daher geht die Sage, Prometheus habe in einem solchen Ferulastengel das Feuer zur Erde gebracht, das er dem Zeus entwandte. – Der *Ferula communis* steht sehr nah der Stink-Asand, die *Ferula Scorodosma* der persischen Steppen. Sie ist eine derjenigen Umbelliferen, welche die *asa foetida* liefern. Dieses Gummiharz entstammt vornehmlich der Wurzel dieser Pflanzen. Sein Duft hält die Mitte zwischen Knoblauch und Benzoë. Die Pflanze war allem Anschein nach schon den Alten bekannt und von ihnen als Silphium bezeichnet. Das Gummiharz hieß Laser. Mit dem Laser würzte man die Speisen und die Perser benutzen es heute noch als Gewürz. Auch gab es eine Zeit, wo *asa foetida* in Frankreich beliebt war, und man mit derselben die Suppenteller einrieb, um die Suppe »schmackhafter« zu machen.

Der graublätterige, immergrüne Baum, welcher »japanische Mispeln« trägt, die »*Eriobotria*« oder *Photinia japonica* ist in den Gärten der Riviera so verbreitet, daß man ihn in La Mortola schon als alten Bekannten begrüßt. Die lichtgelben, säuerlich-süßen, pflaumengroßen Früchte hat man oft schon bei Mahlzeiten genossen, sie allenfalls auch schmackhaft gefunden, wenn sie sehr reif und frisch waren. Der Baum stammt ursprünglich wohl aus China. Rein's Angaben zufolge ist er 1787 mit anderen Ziergewächsen und Nutzpflanzen durch Sir Joseph Banks nach England gebracht worden. Jetzt reicht er über ganz Italien und ist selbst am Genfer See zu finden.

Diesem Baume nahe verwandt ist ein anderer von gleich geringer Höhe, der in den Gärten der Riviera sehr viel cultivirt wird und jedem Pflanzenfreund daher auffallen muß: die in Japan und China heimische *Photinia serrulata*. Ihre großen Blätter sehen lorbeerartig aus, zwischen denselben leuchten die flachen weißen Blüthenrispen hervor. Aus der Ferne sehen sie fast so wie die Blüthenstände unseres Holunders aus. Die Photinien gehören zu den Rosifloren. Sie zeigen manche Übereinstimmung mit den Weißdornarten, der Gattung *Crataegus*, und werden mit denselben zum Theil vereinigt. Im La Mortola-Garten ist die in der Nähe des Einganges stehende *Photinia serrulata* daher auch mit ihrem Synonym als *Crataegus glabra* bezeichnet.

Mit einigem Interesse sieht man sich im Garten von La Mortola einen stattlichen, mit harten, kleinen Blättern bedeckten Baum, die *Quillaja Saponaria* an, der, wie die japanische Mispel, zu den rosenblüthigen Gewächsen gehört, merkwürdig aber durch seine saponinreiche Rinde ist. Diese Rinde, die als Panamaholz aus Chile importirt wird, schäumt in Wasser auf wie Seife, steht als solche in Chile allgemein im Gebrauch, dient auch bei uns zum Waschen von Wolle und Seide und zu kosmetischen Zwecken.

Als wohl bekannte Pflanzenform begrüßt man den Johannisbrodbaum oder Caroubier (*Ceratonia siliqua*). Man hat ihn schon in weit prächtigeren Exemplaren in der Umgebung von Mentone gesehen. Alte Stämme erinnern in der Form an unsere Eichen; an den paarig gefiederten lederartigen Blättern ist aber der Johannisbrodbaum als solcher sofort zu erkennen. Die Hülsen, Leckerbissen, die auf keinem Jahrmarkt fehlen, und an denen sich Kinder allgemein erfreuen, sind im Frühjahr noch so klein, daß man sie an den Zweigen suchen muß. Aus den reifen Hülsen wird ein süßer, honigähnlicher Saft gepreßt, der als Keratameli im Orient genossen wird. Mit diesen Hülsen soll, der Sage nach, Johannes der Täufer sich in der Wüste ernährt haben und der Baum nach dem Vorläufer des Messias seinen Namen führen. Die reifen Samen innerhalb der Hülsen zeichnen sich durch auffallend übereinstimmende Größe aus, woraus sich erklärt, daß sie einst als Gewichte dienten und der kleinen Einheit im Gold- und Diamantengewicht den Namen gaben. Denn Karat stammt von Kerateia, dem griechischen Wort für diese Hülse. Um gute Früchte zu tragen, muß der Baum veredelt werden, und es waren jedenfalls die Araber, welche die bessere Fruchtform dieses Baumes am Mittelmeer verbreiteten. Er ist in Süd-Arabien wohl zu Hause, doch an vielen Orten der Riviera jetzt verwildert.

Im La Mortola-Garten werden auch der Theestrauch und Kaffeebaum im Freien gezogen. Der Theestrauch, der baumförmig bis zu fünfzehn Meter Höhe emporwachsen kann, macht den Eindruck einer Camellie, und in der That gehört er auch wie diese zu der Familie der Ternströmiaceen, ja er wird jetzt sogar als *Camellia Thea* mit dem Camellienbaum in derselben Gattung vereinigt. Der Name Camellia, den diese Pflanzengattung führt, klingt so poetisch, vielleicht weil man an die »Camelien-Dame« bei demselben denkt; thatsächlich hat er aber einen viel prosaischeren Ursprung. Er entstand nämlich aus Kamel, dem Familiennamen eines Jesuitenpaters, der vor mehr als anderthalb Jahrhunderten die Camellie aus Manilla nach Spanien brachte.

Diesem Georg Kamel zu Ehren benannte Linné die Pflanze, er fügte *japonica* hinzu, da die Camellie in Japan zu Hause ist, und von dort aus auch nach Manilla gelangt war. – Die Blüthen des Theestrauches erinnern sehr an die ungefüllten Camellien und haben zahlreiche Staubfäden wie diese. In La Mortola blüht der Theestrauch im September. Seine porzellanweißen, rosa angehauchten Blüthen, die sich aus den Blattachseln vordrängen, verbreiten einen nur schwachen Duft. Nach den Berichten des Rev. B. C. Henry ist die *Camellia Thea* wild in großen Mengen noch im Innern der südchinesischen Insel Hainon zu finden. Die zahlreichen Theesorten verdanken der verschiedenen Zeit des Einsammelns, dem verschiedenen Alter der eingesammelten Blätter und deren verschiedener Behandlung ihre besonderen Eigenschaften.

Der arabische Kaffeebaum, die *Coffea arabica*, ist ein kleiner pyramidaler Baum, der bis zu fünf oder sechs Meter Höhe emporwächst. Er trägt seine immergrünen dunklen Blätter in gekreuzten Paaren. Die weißen, nach Orangen duftenden Blüthen stehen gehäuft in den Achseln der obersten Blätter. Die Früchte, die aus diesen Blüthen hervorgehen, sind kirschgroße, dunkelrothe Beeren, die zwei Samen, die sogenannten Kaffeebohnen, enthalten. Der Kaffeebaum führt seinen Namen nach dem Bergland Kâfa im südlichen Abyssinien. Man hat überhaupt die südlichen Provinzen von Hoch-Abyssinien für den Ursprungsort des arabischen Kaffeebaumes gehalten, doch ist derselbe in neuerer Zeit wild am Victoria-Nyansa und in Westafrika gefunden worden, so daß Centralafrika wohl die eigentliche Heimath dieser Culturpflanze sein dürfte. Afrika hat uns neuerdings auch noch eine zweite Art des Kaffeebaumes geliefert, die *Coffea liberica*. Sie wird in den tiefer gelegenen Theilen der tropischen Küstendistricte gefunden, ist gegen Temperaturwechsel empfindlicher als die *Coffea arabica*, verträgt aber besser die Seewinde. Da sie durch Größe der Samen und feines Aroma derselben ausgezeichnet ist, so beginnt ihre Cultur sich über die tropischen Länder bereits auszubreiten.

In den Kaffeegärten Arabiens und Abyssiniens wird auch ein zu den Celastrineen gehörender Strauch cultivirt, mit gegliederten Ästchen, lederartigen, lanzettförmigen Blättern, den man in La Mortola sehen kann und der *Catha edulis* heißt. Es ist das die Khatpflanze, deren getrocknete Blätter von den Arabern theils wie Tabak gekaut, theils auch mit Wasser aufgebrüht und als Thee genossen werden. In Südamerika dienen andererseits ganz allgemein der Theebereitung die Blätter des *Ilex paraguayenses* einer dem Khatstrauch ziemlich nah verwandten Aquifoliacee, die in Paraguay und Brasilien zu Hause ist. Man bezeichnet diese Blätter dort als *Yerba* oder als *Mate*. Dieser Strauch wird zwar im La Mortola-Garten nicht cultivirt, doch sieht man dort andere immergrüne Ilex-Arten, die ihm sehr ähneln. – Die vorhandenen Arten der Sterculiaceen-Gattung *Sterculia* können andererseits auch das Bild der *Sterculia acuminata* oder *Cola acuminata* ersetzen, welche den afrikanischen Negern die »Kolanüsse« liefert. Diese Früchte sehen wie Kastanien aus und haben schwach bitteren Geschmack. Die Neger wissen sie nicht genug zu preisen, denn sie sollen den Körper stärken, schlechtes Wasser trinkbar machen, gegen allerlei Krankheiten helfen, den Hunger stillen und das Gemüth erheitern. Thatsächlich enthalten auch die Kolanüsse Theïn, ähnlich wie die Thee- und Kaffeepflanzen und außerdem Theobromin wie die Chocolade. Der Genuß dieser Früchte beginnt jetzt bis nach England vorzudringen.

Es fällt im La Mortola-Garten wie in den anderen Gärten der Riviera wohl auf, daß die Camellien, Rhododendren und Azaleen so stark gegen andere Pflanzen zurücktreten. Man erblickt sie nur vereinzelt und bei weitem weniger schön und kräftig wie etwa an den italienischen Seen entwickelt. Das hat in der Zusammensetzung des Bodens seinen Grund. Der so überaus kalkreiche Boden der Riviera sagt diesen Pflanzen nicht zu, die ausgeprägte Humusbewohner sind, außerdem reiche Bewässerung verlangen.

Einen wichtigen Handelsartikel im Alterthum und Mittelalter haben auch wohlriechende Balsame gebildet. Ein Bäumchen, das solchen Balsam lieferte, tritt uns in La Mortola in dem *Styrax officinalis* entgegen. Dieses Gewächs ist in der Belaubung einem Quittenbaum äußerst ähnlich; es entfaltet in La Mortola im Mai und Juni auch seine weißen, mit goldgelben Staubfäden versehenen, wohlriechenden Blüthen. Ein Haupterzeuger solcher Balsame, die als Parfüm, als Räucherwerk und zu Salben dienten, war der Storax-Baum (*Liquidambar orientale*). Die duftende Myrrhe, die zu gottesdienstlichen Zwecken auch den Griechen dient, stammt andererseits von *Balsamodendron Myrrha*, der Weihrauch, oder das *Olibanum*, von Boswellia-Arten, die im äußersten Osten von Afrika und auf dem arabischen Küstenstriche wachsen.

In dem Garten von La Mortola kann man auch die zu den Hülsengewächsen gehörende *Indigofera tinctoria* sehen, eine Pflanze, die zu den wichtigsten der Indigo liefernden Gewächse zählt. Sie stellt einen kleinen Strauch vor, der in Ostindien zu Hause ist, der aber jetzt in anderen Ländern zwischen den Wendekreisen, ja selbst an einzelnen Stellen um Neapel cultivirt wird. Sie trägt unpaarig gefiederte Blätter und entsendet aus den Achseln derselben ihre Blüthenstände, die mit kleinen weißen oder rosenrothen Blüthen besetzt sind. Ihre nächste Verwandte, die man auch in La Mortola sehen kann, die zierliche *Indigofera Dosua* aus dem Himalaya, wird auch in unseren Gärten gezogen. Wie in anderen Indigo liefernden Pflanzen, zu denen auch unser Waid (*Isatis tinctoria*) und der chinesische Färber-Knöterich (*Polygonum tinctorum*) gehören, ist in der *Indigofera tinctoria* der Indigo nicht schon als solcher vorhanden. Die zerkleinerten Pflanzen müssen vielmehr erst einen

Gährungsproceß im Wasser durchmachen. Dieses wird abgegossen, wenn es sich stark grüngelb färbt und dann gerührt und geschlagen, um mit dem Sauerstoff der Luft in möglichst reiche Berührung zu kommen. Dabei scheidet sich der Indigo als unlösliches Pulver ab. Er bildet die »echteste« und geschätzteste Pflanzenfarbe, die auch schon den Alten bekannt war und bei ihnen als Indicum hoch im Werthe stand. Wie in der Jetztzeit London, so bildete einst Bagdad den Weltmarkt für diesen Artikel.

Aus den exotischen Pflanzenformen ragen allseitig Nadelhölzer hervor. Sie stechen eigenartig von denselben ab. Wir sind mit ihren Gestalten wohl vertraut und selbst die so regelmäßig geformten Araucarien sehen wie etwas gezierte Tannen aus. In den Gewächshäusern der Heimath sah auch jeder schon die Cycadeen, die hier in einer Anzahl von Arten unter freiem Himmel gedeihen. Dem Laien wird es schwer, sich vorzustellen, daß die Cycadeen Verwandte der Nadelhölzer sind. Scheinen sie doch mit ihrem unverzweigten Stamm und mit ihrer einfachen Krone aus langen gefiederten Blättern, weit mehr den Palmen zu gleichen. Mit diesen haben sie aber thatsächlich nur eine gewisse Ähnlichkeit gemein. Diese äußere Ähnlichkeit der Cycasblätter und der Palmenblätter hat es aber bewirkt, daß sie oft fälschlich als Palmenblätter bezeichnet werden und als solche bei Begräbnissen Verwendung finden. Thatsächlich ist das aber eine arge Verwechselung. Denn Palmblätter und nicht Cycaswedel sollen es, der Tradition nach, sein, die man den Todten auf den Sarg legt, sowie es Palmenblätter sind, die christliche Märtyrer in der Hand halten und die auf den Gräbern in den Katakomben dargestellt werden.

Den Palmen werfen wir in La Mortola nur flüchtige Blicke zu, da wir sie ja in Bordighera schon eingehend betrachtet haben. Hingegen fesseln unsere Aufmerksamkeit die zahlreichen Arten von Bambusen, die hier stellenweise schon zu mächtiger Entwickelung gelangten. Daß diese Pflanzen, trotz ihrer bedeutenden Höhe, die beim gemeinen Bambus (*Bambusa arundinacea*) oft dreißig Meter erreicht, zu den Gräsern gehören, kann nur Denjenigen in Erstaunen versetzen, der sich die Gräser ausschließlich als Wiesenkräuter vorstellt. Thatsächlich haben wir schon in unseren Schilfrohr-Arten Vertreter der Gramineen-Familie vor Augen, die zu ansehnlicher Höhe emporwachsen. Die Bambusen sind unserem Schilfrohr in mancher Beziehung ähnlich. Während letzteres aber bei uns nur eine beschränkte Verwendung findet, gibt es in den heißen Ländern kaum eine Pflanze, die mannigfaltigeren Nutzen als der gemeine Bambus stiftet. Die jungen Wurzelsprosse dienen als Gemüse, vornehmlich verwenden sie aber die Chinesen zur Bereitung eines beliebten Confectes, das dem Ingwer oft zugesetzt wird. Aus jüngeren Halmen stellt man in den heißen Ländern Wände, Zäune und anderes Flechtwerk her; aus den Blättern macht man Matten und Hüte, verpackt auch oft den Thee in dieselben. Junge Blätter dienen als Viehfutter. Aus den Fasern der Halme bereiten die Chinesen ihr berühmtes Papier, das durch seinen Seidenglanz, seine Weichheit und seine geringe Dicke ausgezeichnet ist. Die hohlen Stämme sind sehr leicht, besitzen trotzdem einen ganz außerordentlich hohen Grad von Festigkeit und werden zu Bauten verwendet, die allen äußeren Angriffen trotzen. Die ganze Oberfläche des Stammes ist verkieselt, und so kommt es, daß dieser nicht allein in der Luft, sondern auch im Boden sich sehr lange hält. Daher die Stämme auch als Wasserleitungsröhren und Wasserrinnen dienen, nachdem man zuvor die Scheidewände durchbohrte, welche das Innere des hohlen Stammes durchsetzen. Andererseits lassen sich die einzelnen Glieder des Stammes als Wassereimer und als Blumentöpfe verwenden, wenn man die Scheidewände unversehrt läßt. Aus Bambus werden Brücken und Flösse, aus Bambus Betten, Stühle und Tische gefertigt, mit Bambusfasern Matratzen gefüllt und Möbel gepolstert. Leitern aus Bambus sind sehr beliebt. Aus Bambus stellt man Eß- und Trinkgefäße, chirurgische Instrumente und selbst Haarkämme her, und als ob gezeigt werden solle, daß der Bambus einer jeglichen Verwendung fähig sei, verfertigen die Bewohner von Borneo und Sumatra aus demselben sogar Lampen, in welchen Dammaraharz gebrannt wird, und mit Dammaraharz gefüllte Kerzen, deren Hülle zugleich mit der Füllung in Flamme aufgeht. Bambusstöcke kennen auch wir: sie werden aus den zähen, knotigen Wurzelausläufern fabricirt, denen eine innere Höhlung abgeht. Ebenso muß zu Kriegszwecken der Bambus das Material hergeben: er liefert Lanzen und Wurfspieße von unübertrefflicher Leichtigkeit und Härte. Zu gleicher Zeit ist der chinesische Soldat ausgerüstet mit einem Sonnenschirm aus Bambus, dessen Überzug aus gefirnißtem Maulbeerpapier besteht. Desgleichen sollen die hohlen Stengeltheile des Bambus als Musikinstrumente zur Verschönerung des Lebens beitragen. Sie werden zu Flöten und Clarinetten verarbeitet, auch als Resonanzböden und selbst in Gestalt von Saiten verwendet. Ja C. Schröter berichtet, daß die Atchinesen es sogar verstanden haben, aus Bambus eine Art Telephon herzustellen, durch welche sie ihre Wachtposten in Verbindung setzen. – Die Höhlungen junger Stammtheile enthalten meist klares Wasser, mit welchem in Indien und in den Bergen von Java der Reisende seinen Durst stillen kann. – Die Bambusen blühen selten; stellt sich aber ein Blüthenjahr ein, so gibt es eine große Fruchternte. Die Früchte werden wie Reis gegessen oder in Brot verbacken, und wiederholt schon, so 1812, ist durch das Blühen der Bambusen eine Hungersnoth in Indien abgewendet worden. Mit Recht konnte somit Wallace, einer der besten Kenner der Tropen, aussprechen, daß der Bambus eines ihrer herrlichsten Producte sei. – Am vollkommensten haben Chinesen, Japaner und die Bewohner Indiens und des indischen Archipels ihn auszunutzen gewußt. In China gibt es ganze Dörfer, die nur aus Bambus aufgebaut sind. Einen merkwürdigen Eindruck soll es machen, wenn ein solches Dorf in Brand geräth. Die Luft erhitzt sich alsdann in den abgeschlossenen Gliedern der

Bambusstämme und sprengt dieselben mit gewaltigem Knall. Man hört aus der Ferne wie Kanonendonner, in welchem die Eingeborenen der Molukken deutlich den Ruf »Bambu, Bambu« zu vernehmen glauben.

In einer Pflanze, die so viel Nutzen stiftet, lag es dem Naturmenschen nahe, auch nach verborgenen Heilkräften zu suchen. In China werden die Wurzelstöcke, die jungen Sprosse, der Saft, der Samen, bestimmte Auswüchse der Pflanze, als Medicamente verwendet. Zu besonderer Berühmtheit gelangte aber als Heilmittel ein eigenthümlicher Körper, der sich in den hohlen Gliedern der Stämme findet und Tabaschier genannt wird. Schon die Mediciner der römischen Kaiserzeit wandten denselben viel an, gestützt auf orientalische Traditionen. Einen Weltruf gewann der Tabaschier aber erst durch die arabischen Ärzte im zehnten und elften Jahrhundert, und er gilt immer noch als ganz hervorragendes Medicament in der ganzen orientalischen Welt. – Das frische, dem Bambusstengel entnommene Tabaschier bildet schmutzig weiße, braune bis schwarze Stücke. Beim Glühen werden diese weiß calcinirt und in einen Chalcedon-ähnlichen Körper verwandelt, der bald weiß und undurchsichtig, bald bläulich weiß, durchscheinend und farbenschillernd aussieht. Thatsächlich ist der Tabaschier nichts Anderes als gemeine Kieselerde, die, durch etwas vegetabilische Substanz verunreinigt, beim Glühen von derselben befreit wird. Statt kostspieligen Tabaschiers, den er in den Bazaren theuer bezahlen muß, könnte der Patient somit auch reinen Kieselsand zu sich nehmen. Den rechten Glauben vorausgesetzt, müßte die Wirkung dieselbe sein.

Sehr belehrend ist es im Frühjahr zu verfolgen, wie die jungen Knospen mächtiger Bambusen als überarmdicke, mit scheidenartigen Blättern dichtbedeckte Kegel die Erde durchbrechen. Sie pressen Wasser zwischen ihren Blattscheiden hervor, befeuchten und erweichen damit den umgebenden Boden und wachsen mit solcher Schnelligkeit, daß sich die unmöglich scheinende Vorstellung Gras wachsen zu sehen, bei ihnen fast in greifbare Wirklichkeit verwandelt. Dieses Wachsthum kann nämlich unter günstigen Verhältnissen einen Meter täglich betragen und ein zwanzig Meter hoher Sproß in wenigen Wochen somit diese Höhe erreicht haben. – Schöne Gruppen von Bambuspflanzen gehören zu den zierlichsten Erscheinungen des Pflanzenreiches; freilich kann man diese Pflanzen in voller Prachtentfaltung erst in den Tropen sehen und im La-Mortola-Garten nur eine annähernde Vorstellung davon gewinnen, welche Bedeutung ihnen in der tropischen Landschaft zukommt.

Aus den werthvollen Angaben des Geographen Ritter und den nicht minder werthvollen Untersuchungen des Botanikers Ferdinand Cohn geht wohl sicher hervor, daß diejenige Substanz, welche die Alten als Saccharum bezeichnet haben, nicht Rohrzucker, sondern Tabaschier gewesen sei. Nach Bopp bedeutet das Sanskrit-Stammwort »*çarkara*« nicht etwas Süßes, sondern etwas Zerbrechliches und Steinartiges. Im alten Indien wurde das Tabaschier als Sakkar Mambu oder Bambusstein bezeichnet, und erst die Araber haben dieses Wort auf den später dargestellten, dem Tabaschier ähnlichen, krystallinischen Rohrzucker übertragen. Edmund O. von Lippmann kommt ebenfalls in seiner überaus gründlichen und erschöpfenden »Geschichte des Zuckers« zu dem Ergebniß, daß der Sakcharon der antiken Welt nicht unser Zucker gewesen sei; er weist nach, daß der **feste** Zucker auch in Indien erst in der Zeit zwischen dem dritten und sechsten Jahrhundert n. Chr. bekannt wurde.

Das Zuckerrohr (*Saccharum officinarum*) ist unserem Schilfrohr sehr ähnlich und wie dieses eine Grasart. Man sieht es im La Mortola-Garten in voller Entfaltung. Das Zuckerrohr ist eine sehr alte Culturpflanze. Da es ausschließlich aus Stecklingen gezogen wurde, hat es die Fähigkeit, Samen zu erzeugen, fast eingebüßt. Man hat bis vor Kurzem überhaupt geglaubt, daß das Zuckerrohr nicht fructificire; doch ergaben sorgfältige Beobachtungen, vornehmlich aus Java, daß diese Unfruchtbarkeit nur eine relative sei. Die Heimath des Zuckerrohrs ist wahrscheinlich Bengalen, jene Provinz, die, ihrer unerschöpflichen Fruchtbarkeit wegen, seit jeher als der Garten Indiens gepriesen wurde. Wohl gegen das Ende des dritten Jahrhunderts ist das Zuckerrohr aus Indien nach China gelangt und zweihundert Jahre später westlich bis Gondisapur vorgedrungen. Diese Stadt lag am Flusse Karon, der unweit davon sich zum Theil in den Tigris, zum Theil nach dem Nordrand des Persischen Meerbusens ergoß. Dorthin hatten sich die Nestorianer geflüchtet, als das Concil zu Ephesus 431 n. Chr. ihre Lehre für ketzerisch erklärte. Sie führten dem Orient die Keime klassisch-litterarischer und wissenschaftlich-medicinischer Bildung zu, namentlich auch die Anfangsgründe chemischer Kenntnisse. Die Beziehungen Gondisapurs zu Indien bewirkten zugleich, daß sich der Einfluß der indischen Arzneilehre dort geltend machte und eine Akademie erblühte, die nicht nur die Traditionen der griechischen Medicin und Naturwissenschaften in sich aufnahm, sondern dieselben auch wesentlich förderte. Hier wurde allem Anschein nach die Kunst der Zuckerraffinerie erfunden, daher auch »Kand« der persische Name für den gereinigten Zucker ist.

Durch die Araber kam das Zuckerrohr im achten Jahrhundert nach Spanien, im neunten nach Sicilien. In Venedig lassen sich 1150 bereits Zuckerbäcker nachweisen. Die drei wichtigsten Productionsstellen des Zuckers im Mittelalter waren Syrien, Aegypten und Cypern. Ihre Bedeutung schwand, als Vasco de Gama 1498 den directen Weg nach Ostindien um das Cap der guten Hoffnung fand und der Handel mit indischem Zucker so in die Hände der Portugiesen fiel. Damit war der dominirende handelspolitische Einfluß Venedigs und seine Macht für immer gebrochen; an Stelle des Mittelmeers wurde der atlantische Ocean der Schauplatz des Weltverkehrs. Um 1580 begann Sicilien seine Zuckerproduction einzustellen, da diese gegen die überseeische Concurrenz nicht mehr ankämpfen konnte. Denn um jene Zeit hatte auch schon der amerikanische Zucker, besonders der brasilianische, die Bedeutung eines Weltproductes gewonnen und gelangte bis nach Palermo. Der Zuckerverbrauch stieg ganz enorm in Europa, und im Jahre 1600 hatte auch Deutschland, nach v. Lippmann, schon mehrere Zuckerraffinerien aufzuweisen. Freilich scheinen dieselben nach dem dreißigjährigen Kriege sich nur noch in Hamburg gehalten zu haben. Unter Friedrich dem Großen entstanden zahlreiche Zuckerraffinerien in Preußen und wurden durch Prohibitivzölle geschützt.

Die Süßigkeit des Rübensaftes hatte den Chemiker Markgraf veranlaßt, Zucker aus demselben darzustellen, was ihm um 1747 gelang. Doch fand das gewonnene Product keine Verwerthung, zum Theil schon deshalb nicht, weil es an genügend zuckerreichen Rüben damals noch fehlte. Diesem Mangel wußte erst Achard aus seinen Gütern bei Berlin um 1786 in größerem Maßstab abzuhelfen. Die erste wirkliche Rübenzuckerfabrik errichtete derselbe Achard, mit Unterstützung Friedrich Wilhelms III., zu Cunern in Schlesien. Es folgten alsbald andere Fabriken in Preußen und Frankreich, wo besonders Delessert das Darstellungsverfahren vervollkommnete. Nach Aufhebung der Continentalsperre gingen trotzdem die meisten Rübenzuckerfabriken sowohl in Deutschland als auch in Frankreich wieder ein, und erst von 1820 etwa an datirt der neue Aufschwung und der schließlich großartige Erfolg dieser Industrie.

Der Palazzo Orengo wird von phantastischen Pflanzenformen: säulenförmigen Opuntien, candelaberförmigen Euphorbien, sowie von zahlreichen blühenden Aloe- und Agave-Arten umgeben. Auf der Mauer östlich vom Hause fällt eine kleine, mit langen weißen Dornen bewaffnete Opuntie (*Opuntia tunicata*) in die Augen. Ihre Dornen sind mit zarten Scheiden umhüllt und verdanken diesen ihre Färbung. Man kann die Scheiden von den Dornen abziehen; doch gilt es vorsichtig zu sein, denn die Dornen sind äußerst scharf und verwunden leicht die Hand: Sie schützen wirksam die Pflanze gegen den Angriff der Thiere. Dieser Schutz ist aber auch nöthig in den dürren Gegenden Mexikos, in welchen die Pflanze zu Hause ist, und wo es den Thieren oft an pflanzlicher Nahrung fehlt. In solchen Gegenden sind dornige Pflanzen sehr häufig, Pflanzen, deren Blätter sich zum besseren Schutz in Dornen verwandelt haben, während der Stengel sich grün färbte, so in die Functionen der Blätter trat, zugleich anschwoll und für die Zeit der Dürre mit Wasser versorgte. Durch Hunger getrieben, pflegen wohl Pferde mit den Hufen die Dornen von solchen Cactusgewächsen abzuschlagen, um zu dem saftigen Fleisch zu gelangen, während das Rindvieh sich an denselben schwer verwundet. Der Angriff auf diese weißdornige *Opuntia tunicata* dürfte den Thieren unter allen Umständen schwer fallen, sie ist so stark bewaffnet, daß sie außer dem Namen *Opuntia tunicata* auch denjenigen *Opuntia furiosa* erhielt.

Doch am Palazzo Orengo fesselt unseren Blick vor allem die wunderbare Aussicht, die sich dort entfaltet. Gewiß ein herrliches Stück Erde, fast zu schön, um dasselbe dauernd zu bewohnen! Denn wonach soll man sich dann noch sehnen, wo eine Steigerung des Eindrucks erhoffen? – Von üppigem Grün und buntem Blüthenschmuck sind die Bilder eingerahmt, die hier den Beschauer fesseln. Sein Auge folgt entzückt der zackigen Küste, oder es ruht träumend aus der tiefen Schlucht, in der sich der Garten aufwärts, ohne Ende, bis zu den Gipfeln der Berge fortzusetzen scheint. Eine hohe Palme neigt sich wie sinnend über diesem Bilde und gibt ihm ein märchenhaftes Gepräge. Nach Osten decken dunkle Baummassen die Aussicht, doch durch eine blumenreiche Pergola gelangt man bald bis auf den freien Bergrand. Der Tag geht zur Neige, und es beginnt Altbordighera im rosigen Abendlicht zu glühen. Welch' ein Anblick! Ich weiß ein krankes Mädchen, eine zu früh aufgeblühte Knospe, das Rettung vor dem Tode in Mentone suchte; dem schwebte jenes goldige Bild bis zuletzt in den Fieberträumen vor. Es war wie die Verheißung einer glücklicheren Welt! Sehnsuchtsvoll streckte die Sterbende ihre Arme in der nordischen Heimath aus, um es zu fassen, und ein seliges Lächeln verklärte dann ihr blasses Antlitz.

Die Pergola, die nach jenem Aussichtspunkt im Garten von La Mortola führt, ist von Banksia-Rosen und anderen Schlinggewächsen überwuchert, deren Blüthen in den Abendstunden süßen Duft verbreiten. Die *Rosa Banksiae* können wir hier in ihrer vollen Prachtentfaltung bewundern. Überall leuchten aus dem grünen, dornenfreien Laub die zierlichen Trugdolden ihrer halbgefüllten, hellgelben und weißen Blüthen hervor. Um diese schöne Rose ist die Riviera zu beneiden; bei uns im Freien will sie nicht gedeihen. Auch ist es in Gewächshäusern nicht möglich, sie zu üppiger Entwickelung zu bewegen, ebensowenig als dies für die *Bougainvillea* gelingt, jene prächtige Liane der Tropen, die mit ihren carmoisinrothen Hochblättern ganze Gebäude an der Riviera deckt.

Die Sonne war inzwischen untergegangen, und fahle Lichter streiften die Küste. Altbordighera erschien so todtenblaß, als wäre es inzwischen ausgestorben; der Rahmen aus weißen Rosen umschlang es fast wie ein Todtenkranz. Die bunten Blüthen im dunklen Laube begannen unsichtbar zu werden, und scharf stachen nur vom hellen Abendhimmel die uralten Cypressen ab, die, dicht aneinander gereiht, im unteren Theile des Gartens zum Meere absteigen. Hat dieser dunkelfarbige Baum, der in so feierlichem Ernst zum Himmel emporragt, wirklich ein trauriges Aussehen, oder weckt er in uns nur traurige Empfindungen, weil er von jeher ein Symbol der Todtentrauer war, und wir ihn so oft neben Gräbern sehen? Hier hätte er wohl allen Grund, düster in die Landschaft zu schauen, denn er schmückte, so heißt es, vor Zeiten einen Friedhof, nach welchem der Ort heute noch seinen Namen »La Mortola« führen soll. Blumenbeete haben seitdem die Gräber verdeckt, üppiger Pflanzenwuchs die Stätten verwischt, an welchen Menschen einst ihre Lieben beweinten, die Cypressen allein trauern noch über den Todten.

VII.

Die Strada nazionale, die am Garten vorbei nach Mentone führt, steigt zunächst in der Schlucht empor und beginnt erst jenseits der Croce della Mortola sich langsam zu senken. Es ist ein unendlich schöner Weg, der im weiten Bogen, am Abhang der Berge, langsam gegen Mentone absteigt. Bald ist man in einen Olivenhain gedrungen, in dem sich das Dorf Grimaldi verbirgt; jenseits des Ortes steigt über der Straße ein alter Thurm düster in die Lüfte empor, neben ihm drängt ein modernes Schloß in englisch gothischem Geschmack sich auf. Ein schöner Garten steigt bis zum Thurm empor. Es war das einst die Besitzung des englischen Arztes Bennet, dessen Name einen ruhmvollen Klang an der Riviera besitzt. Nach dessen Tode haben neue Besitzer das gothische Haus erbaut. Wir erreichen das italienische Zollhaus. Es dunkelt schon; in Mentone, das in geringer Ferne vor unseren Augen aufsteigt, beginnen auf den Straßen und in den Häusern die Lichter sich zu entzünden. Eine lange Reihe flammender Punkte folgt bald dem Strande, als hätte sich das Meer mit einer Schnur feuriger Perlen geschmückt. Mir zogen die Strophen des Mignonliedes durch den Sinn, und das Rauschen des Meeres schien sie in den Tönen der Beethoven'schen Musik zu begleiten. Wie bezeichnend für diesen Boden mehr als zweitausendjähriger Cultur, daß jene Gewächse in dem Liede, welche das Bild Italiens uns so lebendig vor die Seele zaubern, diesem Lande nicht ureigen sind. Sie kamen aus dem Orient, wie alle die großen Gedanken, auf welchen unsere Bildung ruht, entfalteten und veredelten sich aber auf diesem Boden. Die Citronen und Orangen erhielten die klassischen Lande von den Semiten, welche dieselben ihrerseits von den Indiern übernommen hatten. Der Öl- und Feigenbaum, der Weinstock und die Palme standen bei den Semiten in Pflege, lange bevor sie als Culturpflanzen siegreich nach dem Westen vordrangen. Der Cultus des Lorbeers und der Myrte gelangte von Osten her über das Mittelmeer. Die Cypresse hat nicht ihre Heimath in Italien, sondern auf den griechischen Inseln und auf dem Libanon; ja, selbst von der schirmförmig ausgebreiteten Pinie, der die Rauchwolke des Vesuvs wie zum Vorbild dient, hat man, doch dieses Mal mit Unrecht, bezweifelt, daß sie eine echt italienische Pflanze sei. Und als wenn andererseits auch der große Culturimpuls, welcher von der Entdeckung der neuen Welt ausging, auf italienischem Boden in typischen Pflanzenformen verkörpert werden sollte, brachte er diesem die Agave und die Opuntie. Die dornigen, blaugrünen Agaven, die stachligen, hellgrünen Opuntien, die so gut zu dem felsigen Strande Italiens passen, als wären sie für ihn von jeher bestimmt gewesen, sind thatsächlich erst im vierzehnten Jahrhundert von Amerika an denselben gelangt. Capri vermag man sich ohne die »*Fichi d'India*«, deren abgeflachte Glieder sich in wunderbaren Krümmungen über die Mauern drängen, kaum vorzustellen, und doch sind diese Opuntien hier eine moderne Erscheinung. Daher ist es ein Anachronismus, wenn die Agaven und Opuntien in den Preller'schen Odysseebildern den Vordergrund der Landschaft schmücken. Die Schönheit jener Bilder wird dadurch nicht beeinträchtigt, und doch kann man sich bei der Betrachtung derselben einer gewissen fremdartigen Empfindung nicht erwehren. Das historische Rechtsgefühl fühlt sich verletzt und muß erst durch das ästhetische Wohlgefallen beschwichtigt werden, welches diese so bedeutenden Kunstschöpfungen erwecken.

Wie mag die Riviera ausgesehen haben, bevor die Cultur des Ölbaumes begann, als noch Palmen und Cypressen fehlten und der Wohlgeruch der Agrumi die Luft nicht erfüllte? – Sie war bedeckt mit immergrünen Sträuchern, während dichter Nadelwald die Höhen krönte. Das Bild der Vegetation mußte ein ganz anderes sein; denn sein Aussehen war bestimmt durch Gesammteffecte, während der Charakter jener Landschaft, die wir jetzt für die typisch italienische halten, auf dem wirksamen Hervortreten einzelner ausgeprägter Pflanzenformen und deren plastischer Sonderung beruht.

Während noch in den Zeiten Alexander des Großen, also im vierten Jahrhundert vor Christus, die Griechen Italien als ein Land kannten, das im Vergleich zu ihrem eigenen Lande und dem Orient einen ganz ursprünglichen Charakter trug, konnte bereits Marcus Terentius Varro im ersten Jahrhundert vor Christus, Italien mit einem großen Garten vergleichen. Plinius klagt ein Jahrhundert später über den Luxus, der auch im Gartenbau eingerissen sei. Die Gemüse wurden so groß gezogen, daß sie der Tisch des Armen nicht mehr zu fassen vermochte. Er führt als Beispiel die Spargeln an, von denen in Ravenna oft nur drei auf das römische Pfund (ca. 300 Gramm) gingen.

Daß in jenem Garten, in welchen Italien verwandelt worden war und der orientalische Culturpflanzen vorwiegend barg, das römische Volk sich verweichlichen mußte, ist nur zu klar. Es war das die Schattenseite jener zu üppig entwickelten Cultur, die in dem Übermaße ihrer Entfaltung auch die Keime ihres Untergangs trug.

Als ich Mentone näher kam, begann der Mistral zu wehen und fegte mächtige Staubwolken über die Straße. In Garavan, im Schutze der Altstadt, wurde es trotzdem fast windstill, so daß ich dort am späten Abend im anmuthigen Garten des Hôtel d'Italie noch sitzen konnte. Garavan wird eben durch den Bergrücken, auf dem das alte Mentone steht, und durch die dichten

Häusermassen dieser Stadt gegen den Westwind vollständig gedeckt und mit Recht daher von Brustkranken bevorzugt. Seit vorigem Winter erhielt Garavan einen eigenen Bahnhof, der fast eine zu große Erleichterung des Verkehrs für diejenigen Wintergäste schafft, die in Monte Carlo durch schädliche Aufregung beim Spiel, den Rest ihrer Gesundheit gefährden.

VIII.

Fast alle wichtigen Reiz- und Genußmittel des Pflanzenreichs dankt der Culturmensch den wilden Völkern. Da bei ihm selbst die Cultur das instinctive Empfinden ganz zurückdrängte, so kann er sich kaum noch vorstellen, welche Eindrücke den Wilden bei der Wahl seiner Nahrungsmittel geleitet haben. Er staunt, wenn ihn die Chemie belehrt, daß der Thee der Chinesen, der Mate der Brasilianer, der Kaffee und die Khatpflanze der Araber, die Chocolade der Azteken, die Kolanüsse der Neger im wesentlichen dieselben Stoffe enthalten. Im La Mortola-Garten, bei Betrachtung der Pflanzen, die jene Stoffe liefern, konnten wir die Verschiedenheit ihres Aussehens feststellen. Irgend welches äußere Abzeichen, das ihnen gemeinsam wäre, haben wir nicht entdeckt. Ein solches Abzeichen konnte somit die Wahl des Wilden nicht leiten, als er diese traf. Er verfuhr nicht anders wie das wilde Thier, das in Wald und Flur seiner Nahrung nachgeht. Er war sich der Ursache seiner Wahl ebenso wenig bewußt.

Meist vor langer Zeit schon den Wilden abgewonnen, haben unsere Reiz- und Genußmittel eine interessante Geschichte aufzuweisen.

In China ist der Theegenuß so alt, daß ein im zwölften Jahrhundert verfaßtes Buch »Rhya« von demselben als von etwas längst Bekanntem spricht.

In Europa begann sich der Theegenuß erst um 1630 zu verbreiten, unter dem Einfluß der holländisch-ostindischen Gesellschaft und der Lobpreisungen, welche einige holländischen Ärzte diesem Getränk zu Theil werden ließen. Der Thee sollte die Lebenskraft steigern, das Gedächtniß stärken, alle seelischen Fähigkeiten erhöhen, das Blut in willkommenster Weise verdünnen. Gegen Fieber wurde vorgeschrieben, nicht weniger als vierzig bis fünfzig Tassen hintereinander zu trinken. Zu dem interessanten Werke von Le Grand d'Aussy, welches 1782 zuerst erschien und die Geschichte des Privatlebens der Franzosen (*Histoire de la vie privée des François*) erzählt, ist zu lesen, daß der Thee in Paris 1636 bekannt wurde und bald zu Ansehen gelangte, weil ihn der Chancelier Séguier unter seine Protection nahm. Es scheint, daß sich in Paris einzelne Personen auch auf das Rauchen des Thees verlegten, so wie man Tabak raucht, und der Arzt Bligny rühmt sich, aus dem Thee eine Conserve, ein destillirtes Wasser und zwei Arten von Syrup dargestellt zu haben. In England war das Theetrinken um 1700 schon allgemein verbreitet und der Thee besteuert. Deutschland verdankt die

Bekanntschaft mit dem Thee den holländischen Ärzten des Großen Kurfürsten. Im Jahre 1662 kostete, nach den von Flückiger veröffentlichten Documenten, eine Hand voll Thee in den Apotheken der Stadt Nordhausen noch fünfzehn Gulden, doch im Jahre 1689 in Leipzig nur noch vier Groschen. Nach Rußland gelangte der Thee nicht über das westliche Europa, sondern direct mit einer asiatischen Gesandtschaft, und schon in der zweiten Hälfte des siebzehnten Jahrhunderts wurde der Thee dort zu einem allgemein verbreiteten Getränk. Der Thee heißt demgemäß dort Tschai, entsprechend der Benennung wie wir sie auch bei den Arabern im achten Jahrhundert schon finden, während in Polen aus *herba Theae* »*Herbata*« gebildet worden ist.

Der wichtigste Bestandtheil der Theeblätter ist das Coffeïn, derselbe Körper, den die Kaffeebohnen führen und der auch dem Theobromin der Cacaobohnen äußerst nahe steht. Ebenso ist der Paraguay-Thee oder Mate coffeinhaltig, und denselben Stoff führen auch die Kola-»Nüsse«.

Die Kultur des Kaffeebaumes haben die Araber zuerst in großem Maßstäbe betrieben, während Europa, die Türkei ausgenommen, vor Mitte des siebzehnten Jahrhunderts nur wenig von dem Bestehen dieses Genußmittels wußte. Nach Constantinopel hatte Selim I. 1517 aus Aegypten den ersten Kaffee gebracht, und zwanzig Jahre später gab es dort bereits viele Kaffeehäuser. Nach dem Westen Europas gelangte der Kaffee durch die Venetianer. Prosper Alpinus, der als Arzt des venetianischen Consuls in Ägypten lebte und von 1591 bis 1593 sein Werk über ägyptische Pflanzen veröffentlichte, gab die erste, wenn auch wenig vollkommene botanische Beschreibung des Kaffeebaumes. Von Venedig aus, wo im Jahre 1645 das erste Kaffeehaus eröffnet wurde, verbreitete sich die Sitte des Kaffeetrinkens rasch über ganz Italien. Wie Le Grand d'Aussy eingehend beschreibt, war es Marseille, das in Frankreich im Jahre 1644 mit der Errichtung von Kaffeehäusern den Anfang machte. In Paris kam das Kaffeetrinken erst unter Ludwig XIV. auf, und zwar vornehmlich durch Soliman Aga, den Gesandten Mohammeds III., der, wie Le Grand d'Aussy berichtet, sich die Gunst der Pariserinnen in solchem Maße zu erwerben wußte, daß es Mode ward, ihm Besuche abzustatten. Er ließ den Damen, nach orientalischer Sitte, den Kaffee serviren; es reichten ihn Sklaven in glänzenden Porzellantassen auf goldbefranzten Servietten. Die fremdartige Einrichtung der Zimmer, das Sitzen auf dem Boden, die Unterhaltung, die mit Hülfe eines Dolmetschers geführt wurde, alles das, meint Le Grand d'Aussy, mußte den Kopf der Französinnen verdrehen. Überall hörte man von dem Soliman'schen Kaffee sprechen, und Jeder wollte davon gekostet haben. Sich Kaffeebohnen zu verschaffen, war bei alledem damals noch schwer: das Pfund kostete bis zu vierzig Thalern. Im Jahre 1672 eröffnete ein Armenier, Namens Pascal, auf dem Quai de l'École das erste Pariser Kaffeehaus, das nach dem Getränk, welches in demselben geboten wurde, »Café« genannt ward. Es war eine

»Boutique« nach Art der orientalischen und machte schlechte Geschäfte, da es für das feinere Publicum, welches allein den Kaffee damals trank, nicht geeignet war. Das erkannte richtig der Florentiner Procope, derselbe, der sich um Paris durch die Einführung des Gefrorenen verdient gemacht hat; er richtete gegenüber der alten Comédie Française ein Café ein, welches außer dem ursprünglichen Getränk, auch Thee, Chocolade, Eis und verschiedene Liqueure führte, und, geschmackvoll decorirt, sich alsbald des größten »Succès« erfreute. Die Zahl der Nachahmer war groß, und 1676 hatte Paris schon eine Unmasse Cafés aufzuweisen, deren Einfluß sich als ein sehr günstiger erwies, indem er der Trunksucht steuerte, und was Ludwig XIV., »*ce Roi si décent*«, wie sich Le Grand d'Aussy ausdrückt, durch harte Strafen nicht zu erreichen vermochte, hatte man dem Florentiner Procope zu verdanken. Als ganz ungefährlich galt jedoch der Kaffee nicht, und die Marquise de Sévigné räth darum ihrer Tochter in einem Brief aus dem Jahre 1680, dem Kaffee etwas Milch zuzusetzen, »*pour en tempérer le danger*«. In England wurde der Kaffee durch Baco von Verulam schon 1624 erwähnt. Das erste Kaffeehaus errichtete in London 1652 der Armenier Pasqua, Diener eines türkischen Arztes. Berlin folgte erst weit später nach, denn Volz gibt an, daß dort das erste Kaffeehaus im Jahre 1721 eröffnet wurde. Eine Anzahl deutscher Städte war in dieser Beziehung Berlin vorangeeilt; in Hamburg gab es schon 1679, in Nürnberg und Regensburg 1686, in Köln 1687 Kaffeehäuser. In Wien erhielt 1683 ein gewisser Kolschitzky die Erlaubniß zur Eröffnung des ersten Kaffeehauses und zwar als Belohnung für den Muth, durch welchen er sich in dem gleichen Jahre, bei der Befreiung der Stadt von den Türken, ausgezeichnet hatte. Um die Mitte des achtzehnten Jahrhunderts war der Kaffeegenuß über ganz Deutschland verbreitet, und der Kaffee bildete einen wichtigen Handelsartikel für Hamburg und Bremen. Friedrich der Große versuchte es vergeblich, den Verbrauch einzuschränken. In dem Bestreben, Preußen wirthschaftlich abzuschließen und »das Geld im Lande zu behalten«, hatte er besonders die theueren Colonialwaaren mit hohen Zöllen belegt; zum Theil verbot er sogar deren Einfuhr oder suchte sie zum Mindesten zu monopolisiren. Markgraf und andere Chemiker wurden beauftragt, Surrogate an Stelle des Kaffees zu schaffen, was zur Entstehung von Eichelkaffee, von Kaffee aus Gerste und Roggen, ja selbst aus Rüben und Roßkastanien führte. Der Cichorienkaffee jedoch wurde um jene Zeit noch nicht hergestellt, vielmehr, wie ich den Angaben E. v. Lippmanns entnehme, erst gegen 1790. Die gebotenen Kaffeesurrogate erfreuten sich nicht des Beifalls beim Publicum, daher 1781 ein Kaffeemonopol eingeführt ward, das die gewöhnlichen Consumenten zwang, den Kaffee schon gebrannt vom Staate, vierundzwanzig Loth zu einem Thaler, zu kaufen, während an Adlige, Geistliche und Beamten sogenannte »Brennscheine« abgegeben wurden.

An den Thee und den Kaffee schließt sich der Cacao fast gleichberechtigt an. Sein Anbau ist schwieriger als derjenige vieler anderer tropischer Pflanzen, da er eine sehr beständige, relativ hohe Temperatur neben einer großen und gleichmäßigen Feuchtigkeit verlangt. Seine Heimath dürfte in den Ländern um den mexikanischen Meerbusen liegen, jetzt wird er überall in den Tropen, soweit es die sonstigen Bedingungen gestatten, gebaut. Die Cacaopflanze gehört einer Unterabtheilung der Malvaceen an; fast aller Cacao des Handels stammt von der *Theobroma Cacao* ab. Es ist ein dunkelbelaubter Baum, mit knorrigem Stamm und breiter Krone, der für gewöhnlich acht bis zehn Meter Höhe erreicht. Das Charakteristische für die Pflanze ist, daß sie ihre Blüthenstände vorwiegend am alten Holze trägt, so daß der Stamm und die dicken Äste sich weiterhin mit Früchten behangen zeigen. Die Blüthen sind weißlich bis roth und liefern je nachdem gelbe oder dunkelrothe Früchte. Während die Blüthen nur klein sind, können die cylindrischen Früchte bis fünfundzwanzig Centimeter Länge erreichen. Der Baum blüht und fructificirt fast ohne Unterbrechung, liefert aber im Jahr meist nur zwei Haupternten. Die Samen sind in einem süßsäuerlichen Fruchtfleisch eingebettet und bilden in der reifen Frucht fünf Längsreihen. Ihr bitterer Geschmack wird durch das sogenannte »Rotten« gemildert, einen Gährungsproceß, dem die aus der Frucht befreiten Samen unterworfen werden. Der Cacao war in Mexiko schon den Azteken und selbst den von diesen verdrängten Tolteken bekannt, und als die Spanier 1519 das Land eroberten, fanden sie die Cultur des Baumes vor. Ähnlich wie der Pfeffer einst in Europa, dienten in Mexico, ja in ganz Mittelamerika die Cacaobohnen als Münze. Die Spanier sollen bei der Eroberung Mexico's im dortigen Staatsschatze nicht weniger als zweiundeinhalb Millionen Pfund solcher Bohnen vorgefunden haben. In Mexico wurden die gerösteten Cacaobohnen geschält und gestoßen, mit kaltem Wasser zu Brei angerührt und mit Maismehl oder bei Vornehmeren mit Gewürzen, Vanille, duftenden Blumen und Honig versetzt. Dieser Brei *»bouillie assez dégoutante«*, sagt Le Grand d'Aussy, hieß Chocolatl. Ob diese Bezeichnung von dem mexikanischen Namen der Pflanze Cacao oder Cacagnate, oder Choco (Schaum) und Atl (Wasser) abzuleiten sei, ist wohl unentschieden. Die Spanier, welche die Chocolade am Hofe des Montezuma kennen gelernt hatten, brachten sie bald nach Europa, und auch heute noch ist es Spanien, welches die größten Mengen Chocolade verzehrt. Nach Florenz brachte Carletti die Chocolade mit, als er 1606 von weiten Reisen, die sich bis nach Westindien erstreckten, heimkehrte. Das warme Getränk, das in Florenz aus Cacaomehl hergestellt wurde, verbreitete sich rasch über ganz Italien. Nach Frankreich kam die Chocolade 1615 mit Anna von Österreich, Gemahlin Ludwig's XIII. Zu einiger Geltung gelangte sie aber erst 1661, unter dem Einfluß von Maria Theresia von Spanien, Gemahlin Ludwig's XIV., die sich aber noch versteckte (wie die Duchesse de Montpensier in ihren Memoiren angibt), um ihre Chocolade zu trinken; der Genuß derselben mußte somit als etwas Ungewohntes oder gar Verpöntes angesehen werden. Indessen schon 1671 konnte Frau von Sévigné an ihre Tochter schreiben: »*Vous ne vous portez pas bien, le chocolat vous remettra.*« Freilich muß die Chocolade als Heilmittel ihre Wirkung versagt haben, denn in einem späteren Briefe wird sie als »*source de vapeurs et de palpitations*« angegeben. Andererseits vertheidigte ein Pariser Arzt, Namens Bachot, 1684 vor der Fakultät eine These, in welcher er gutgemachte Chocolade als eine der edelsten Erfindungen pries, weit mehr würdig, als Nectar und Ambrosia, die Speise der Götter zu sein. Derselben Ansicht muß auch Linné gewesen sein, der die Chocolade 1769 in den »*Amoenitates academicae*« behandelte und dem Cacaobaum den botanischen Namen »*Theobroma*«, d. h. »Götterspeise« gab. In England begann sich die Chocolade um 1625, annähernd gleichzeitig auch in Holland, einzubürgern. Nach Berlin brachte Bontekoe, der Leibarzt des Großen Kurfürsten, den Cacao mit. Friedrich der Große verbot die Einfuhr der Chocolade und beauftragte den Chemiker Markgraf, denselben, der Ähnliches für den Kaffee schon versucht, ein Surrogat aus Lindenblüthen an Stelle von Chocolade herzustellen, was aber nur schlecht gelang.

Als die Spanier im sechzehnten Jahrhundert nach Peru kamen, war dort ein anderes Reizmittel in Gebrauch, das der Instinct der Eingeborenen herausgefunden hatte, nämlich das Cocaïn. Dieser Körper gehört ebenso wie das Coffeïn und das Theobromin zu den pflanzlichen Alcaloiden. Die Bewohner des Inkareiches kauten die Cocablätter ganz so wie die Hindus die Betelnuß kauen und würzten diese Blätter auch mit Asche der Quinoapflanze (*Chenopodium quinoa*) oder mit gelöschtem Kalk, so wie es für die Betelnüsse in Indien geschieht. Bei mäßigem Genuß wirken die Cocablätter anregend auf das Nervensystem ein, in zu großen Mengen und fortdauernd gebraucht, werden sie verderblich. Es stellt sich dann ein Verfall aller körperlichen und geistigen Fähigkeiten bei dem »Coquero« ein, der zu einem Vergleich desselben mit unseren Alkoholikern geführt hat. Den Spaniern fielen zunächst nur die üblen Folgen des Cocakauens auf, sie suchten dasselbe durch Verordnungen und kirchliche Verbote in Peru einzuschränken. Daher wohl die Cocablätter nicht wie andere ähnliche Reizmittel ihren Einzug in die alte Welt hielten. Erst die 1884 von Koller in Wien gemachte Entdeckung, daß eine Auflösung von Cocaïn ohne üble Folgen die Hornhaut und Bindehaut der Augen eine Zeitlang unempfindlich macht, richtete die allgemeine Aufmerksamkeit auf dieses Alcaloid. Die Anwendung desselben bei Augenoperationen wurde allgemein; sie verbreitete sich auf andere Gebiete der Heilkunde als auch seine Fähigkeit, leicht zugängliche sensible Nerven unseres Körpers unempfindlich zu machen, erkannt wurde.

Die Cocablätter gehören einem Strauche an, der unserer Schlehe ähnlich ist, aber bedeutendere Größe erreicht. Diese Blätter sind lebhaft grün gefärbt und sehr dünn; sie haben eiförmige Gestalt und laufen spitz an ihrem Ende aus. Die gelblich weißen Blüthen fallen wenig in die Augen, da sie nur geringe Größe besitzen. Die rothen, unseren Cornelkirschen nicht unähnlichen Früchte, leuchten hingegen aus dem Laub hervor. Der botanische Name der Pflanze ist *Erythroxylon coca*, sie bildet eine eigene kleine Pflanzenfamilie, die im Wesentlichen auf die artenreiche Gattung *Erythroxylon* beschränkt ist. Die Blätter sind schwach aromatisch und besitzen einen angenehm bitterlichen Geschmack. Das Alcaloid, welches man aus denselben gewinnt, bildet farblose Krystalle, die sich nur wenig in Wasser, dagegen leicht in Alcohol und noch leichter in Äther lösen.

Ein ganz besonderes culturhistorisches Interesse ist an den Gewürznelkenbaum geknüpft, da er eine äußerst markirte Rolle in der Geschichte des Gewürzhandels gespielt hat. Der Gewürznelkenbaum (*Eugenia caryophyllata*) gehört zu den Myrtaceen wie die Myrten, Eucalypten, Guaiaven und Rosenäpfel, die wir in La Mortola sahen. Er ist ein immergrüner Baum mit wohlgeformter Krone, der über zehn Meter Höhe erreichen kann und lederartige, glänzende, durchscheinend punctirte Blätter besitzt. Die Blüthen stehen an den Enden der Zweige in doldenförmigen Blüthenständen. Der vierkantige Blüthenstiel breitet sich am oberen Rande in vier dicke, kurze Kelchlappen aus. An der Ursprungsstelle derselben sind die Blumenkronenblätter und die Staubfäden befestigt. Erstere werden ähnlich wie bei Eucalyptus als Kappe abgeworfen, wenn sich die Blüthe öffnet. Diesen Zeitpunkt wartet man aber nicht ab, sammelt vielmehr kurz zuvor schon die »Gewürznelken«, indem man sie mit den Händen vom Baume pflückt oder mit Bambusstäben abschlägt. Sie sind somit noch ungeöffnete Blüthen eines myrtenartigen Gewächses und haben mit den nur ähnlich duftenden Blüthen unserer Gärten, die wir als Nelken bezeichnen, den Dianthus-Arten, sonst nichts gemein. Beim Trocknen verändert sich die dunkelrothe Farbe in das bekannte Braun. – Die Gewürznelken waren den Chinesen schon vor unserer Zeitrechnung bekannt. Im vierten Jahrhundert vor Christus gelangten sie nach Europa. Man glaubte bis zu Anfang des sechzehnten Jahrhunderts, daß Java oder Ceylon ihre Heimath sei; thatsächlich aber waren diese Inseln nur Stationen auf dem Wege des Gewürznelkenhandels. Erst die Entdeckung der Molukken durch Varthema 1504 klärte Europa über den Ursprung der Gewürznelken auf. Mit den Molukken zugleich gelangte der Gewürzhandel jener Inseln in die Hände der Portugiesen, dann ein Jahrhundert später an die holländisch-ostindische Compagnie, welche die Production von Gewürznelken und Muskatnüssen auf jede Weise zu monopolisiren suchte, ja sogar dieselbe, um sie besser überwachen zu können, auf nur wenige Inseln einschränkte. Auf den übrigen Inseln ließ sie die Gewürzbäume ausrotten. Um die hohen Preise zu halten, brachte die Compagnie nur begrenzte Mengen des Gewürzes auf den Markt, und als in Folge guter Ernten der Vorrath einmal, im Jahre 1760, zu stark anwuchs, wurde ein Theil desselben bei der Admiralität in Amsterdam verbrannt. Trotz strengster Überwachung von Seiten der Holländer gelang es dem französischen Gouverneur von Mauritius und Bourbon 1769 in den Besitz von Gewürznelken- und Muskatbäumen zu gelangen und sie auf seiner Insel anzupflanzen. Zwischen 1795 und 1802, als die Engländer die Molukken besetzt hielten, sorgten sie auch dafür, daß die Cultur der Gewürzbäume sich über die Grenzen dieser Inseln hinaus verbreite. Jetzt hat sich ihre Cultur über die tropischen Länder weit ausgedehnt, auf den Molukken selbst ging der Anbau der Gewürznelkenbäume ganz zurück, und nur die Muskatbäume werden dort noch im großen Maßstab gepflegt.

Die Muskatbäume, die mit den Gewürznelkenbäumen stets zusammen genannt werden, gehören zu der Gattung *Myristica*, die den Lorbeergewächsen sehr nahe steht. Der wichtigste Muskatbaum ist *Myristica fragrans*, der in seinem Aussehen an unsere Birnbäume erinnert. Er besitzt eine rundliche Krone und dichte Belaubung. Seine Blüthen sind weiß oder gelblich und gleichen auffallend denjenigen unserer Maiblumen. Da sie klein sind, so fallen sie freilich nicht in die Augen. Das thun hingegen die hellgelben, aprikosenähnlichen Früchte, die der Baum gleichzeitig trägt. Diese Früchte springen bei voller Reife auf und dann leuchtet ein carmoisinrother Samenmantel aus ihrem Innern hervor. In Gestalt einer zerschlitzten Hülle umgibt er den schwarzbraunen, als Muskatnuß bekannten Samen. Er selbst wird fälschlich als Muskatblüthe bezeichnet.

Auch der Zimmet war einst ein Monopol der Portugiesen, hierauf der niederländisch-ostindischen Compagnie und ging auf die englisch-ostindische über, als England 1796 Besitz von Ceylon ergriff.

Wie Zimmet, Gewürznelken und Muskatnuß in der niederländischen Geschichte, so spielte der ostindische Pfeffer einst eine nicht unbedeutende Rolle in der Geschichte Venedigs. Namentlich aus Rücksicht auf diesen Pfeffer lag Venedig daran, das rothe Meer und Ägypten sich offen zu halten. Unmengen von Pfeffer wurden in Venedig, in dem Fondaco de' Tedeschi, an die Deutschen verhandelt. Im Mittelalter herrschte, wie Flückiger besonders hervorhebt, eine kaum mehr verständliche Gier nach Pfeffer, der schließlich fast die Bedeutung eines überall gangbaren Zahlmittels erlangte. Im dreizehnten und vierzehnten Jahrhundert nahm er entschieden den ersten Rang unter den Gewürzen ein; er stand so hoch im Preise, daß ärmere Klassen von dem regelmäßigen Gebrauch desselben absehen mußten und »*cher comme poivre*« sprichwörtlich wurde. Diese Sucht nach Gewürzen kam, wie Le Grand d'Aussy erzählt, von den vielen schwer verdaulichen Speisen, welche man damals zu genießen pflegte. Es gab raffinirte Gourmands, welche Gewürze bei sich führten, um nach eigenem Geschmack die Speisen bei Tische sich mundgerecht zu machen. Régnard bezeichnet solche Eßkünstler als »*Docteurs en Soupers*«.

Aus der Geschichte des Levantehandels im Mittelalter von Wilhelm Heyd geht hervor, daß zu den verbreitetesten Specereien damals auch der Ingwer gehörte, und daß er fast eben so stark begehrt war wie der Pfeffer. Diese Pflanze, deren Heimath in Ostindien liegt, kann man im Garten von La Mortola sehen. Ihre bis zu einem Meter hohen grünen Sprosse entspringen dem wohlriechenden Wurzelstock, der im Boden versteckt ist. Die Sprosse erinnern an die in unseren Gärten cultivirten Canna-Arten und tragen wie diese, in zwei Reihen angeordnete, doch wesentlich schmälere Blätter. Am Gipfel schließen sie, falls sie zur Blüthe kommen, mit dichtgedrängten Hochblättern ab, aus deren Achseln gelb- und violettgefärbte Blüthen entspringen. In La Mortola blüht freilich der Ingwer nicht, und auch in Asien kommen nur selten blühbare Stengel zur Entwickelung. Stücke des Wurzelstockes sind es, die, geschält oder ungeschält, als Ingwer in den Handel gelangen. Der aus China eingeführte in Zucker gekochte Ingwer stammt von zarten, sorgfältig geschälten Wurzelstöcken. Eingemachter Ingwer wurde schon im ersten Jahrhundert unserer Zeitrechnung in irdenen Töpfen nach Italien eingeführt, doch war Marco Polo der erste Europäer, der auf seinen Reisen in China und Indien von 1280–1290 die Pflanzen zu sehen bekam. Dieser mit Recht hochberühmte Reisende des Mittelalters erwarb sich überhaupt sehr große Verdienste um die Erforschung von China, weshalb ihm der Besitzer von La Mortola, der selbst längere Zeit im »Reich der Mitte« lebte, in der Eingangshalle seiner Villa ein glänzendes, von Salviati in Venedig als Glasmosaik auf Goldgrund ausgeführtes Brustbild widmete. Da freilich von Marco Polo ein authentisches Bildniß nicht bekannt ist, blieb es der Phantasie des Künstlers überlassen, wie er sich ihn vorstellen wollte.

IX.

Wer den Weg von Mentone nach Nizza auf der vielgerühmten Route de la Corniche zurücklegen will, sollte dies nur bei völlig klarem Wetter thun. Denn unter den großen Eindrücken dieser Bergstraße darf die Aussicht landeinwärts in die schneebedeckten Seealpen nicht fehlen. Im Frühjahr sind die Berge meist von Wolken bedeckt und so dem spähenden Auge verborgen. Die Route de la Corniche ist an schönen Frühlingstagen von unvergleichlicher Wirkung. Sie fängt an bei Roccabruna zu steigen und folgt dann in unzähligen Windungen dem Abhang. Das eine Mal wendet sie sich landeinwärts, als wolle sie den Berg durchbohren, das andere Mal schlägt sie die Richtung nach dem Meere ein, als stürze sie sich in die Fluthen. Fort und fort wechseln die Bilder. Abwärts taucht der Blick in die grünen Thäler und trifft immer neue Einschnitte der Küste; aufwärts wird er begrenzt durch die mächtigen Kuppen der Berge. Wo diese auseinandertreten, da tauchen, wie mit einem Zauberschlag, die schneebedeckten Häupter der Seealpen in der Ferne auf. – Den höchsten Punkt hat die Corniche bei La Tourbie, der alten *Trophea* oder *Turris in via*, etwa 500 Meter über dem Meere erreicht. Die

Corniche folgt der alten römischen Straße; Napoleon I. war es, der sie im Jahre 1805, so wie sie heute ist, ausbauen ließ. Jetzt ist die Tourbie sogar durch eine Zahnradbahn mit Monte Carlo verbunden. Einst lief hier die Grenze, welche Gallien von Italien schied. Der weit sichtbare, aus mächtigen Trümmern aufsteigende Thurm, der als Thurm des Augustus bekannt ist, trotzt noch immer der Zeit. Mit seinen zackigen Zinnen, erst im vierzehnten Jahrhundert erbaut, ging er aus den Quadern des gewaltigen Denkmals hervor, das hier der Senat und das römische Volk dem Octavian errichten ließen, als die Schlacht bei Actium ihn zum Herrn der Welt machte. Plinius hat uns die Inschrift bewahrt, welche das Denkmal auf seinen vier Seiten trug. Außer der Widmung an den *Caesar Imperator* standen da die Namen von vierundvierzig Alpenvölkern verzeichnet, welche unter römisches Joch gebeugt worden waren. Ein Standbild des Kaisers krönte das Denkmal, das, alter Schilderung nach zu urtheilen, großartig gewesen sein mußte. Trotzdem schonten es die späteren Zeiten nicht. Die Longobarden begannen seine Zerstörung. Die Saracenen gestalteten es zur Festung. Dann schöpften Jahrhunderte lang die Bewohner von La Tourbie aus den Trümmern, wie aus einem Steinbruch, die Steine zum Bau ihrer Kirche und ihrer Häuser. Im zwölften Jahrhundert holten die Genueser hier Marmor zum Schmucke ihrer Bauten, und was dann noch verblieb, wurde am Hochaltar in der alten Kathedrale von Nizza verwandt. – Von La Tourbie aus sieht Monte Carlo mit all seinem Glanz und Elend nur wie ein unschuldiges Kinderspielzeug aus. An den Ernst des Lebens wird man aber auch in dieser Höhe durch alle die Festungswerke gemahnt, welche Frankreich auf den Berggipfeln errichtet hat. Selbst der höchste Berg über Monte Carlo, der 1150 Meter hohe Mont-Agel, dessen Gipfel weithin das ganze Land beherrscht, hat jetzt einen Kranz von Redouten erhalten.

Als Glanzpunkt der Corniche erscheint mir die Stelle, an welcher Eza auf schroffem Fels, mitten in der Landschaft, emportaucht. Welche gewaltige Kraft war nöthig, um in so schwindelnder Höhe, so unvermittelt zwischen Himmel und Erde, aus mächtigen Quadern Burgen zu erbauen! Von Abgründen umgeben, vor jeder Überraschung sicher, haben nach einander nizzardische und piemontesische Geschlechter in dieser Burg geherrscht. Armselige Häuser suchten Schutz an den befestigten Mauern, und auch heut noch stehen sie da und drängen sich um die zerfallenen Ruinen. Die alte Pracht verschwand von dieser Stätte: das Elend ist geblieben. Von außen aber vergoldet es die strahlende Sonne des Südens und hebt den stolzen Felsen majestätisch ab gegen den blauen Hintergrund des Meeres.

Nizza wird immer größer, verliert den ursprünglichen, italienischen Charakter, nimmt ganz denjenigen einer eleganten, cosmopolitischen Stadt an und amüsirt sich ohne Unterbrechung. Endlos folgen im Winter Redouten, Blumenschlachten, Regatten, Pferderennen auf einander. Wie eigen dieser Trieb zum Vergnügen, der sich hier auch der einheimischen Bevölkerung bemächtigt hat! Denn kaum hat ein Ort gleich schwere Schicksale im Laufe der Zeiten erlebt. Unzählige Male wurde die Stadt geplündert und verwüstet durch Gothen, Longobarden, Saracenen und Provençalen. Frankreich eroberte sie wiederholt, um sie zu verlieren und wieder zu gewinnen. Sie wurde von der Pest heimgesucht, durch starke Kälte ihrer Oliven- und Orangenbäume mehrfach beraubt, von afrikanischen Heuschrecken häufig überfallen. Daher vielleicht der Leichtsinn, der sich seiner Bevölkerung bemächtigt hat und der den Grund dazu legte, daß Nizza zu einer Metropole der schalen Vergnügungen aufwuchs. Mein Ziel war Nizza nicht, vielmehr das Cap d'Antibes, ein Ort, den ich schon vor vielen Jahren liebgewonnen hatte. Ein Aufsatz von George Sand, in der »*Revue des deux mondes*« vom Jahre 1868, machte mich mit den Schönheiten dieses Vorgebirges zuerst bekannt. George Sand besuchte auf demselben den schönen Garten des hervorragenden französischen Botanikers Thuret und war von der Aussicht ganz hingerissen, die man von dort genoß. Daß das Cap trotzdem so unbeachtet blieb, hängt mit seiner exponirten Lage zusammen, die es zum Aufenthaltsorte für Lungenleidende wenig geeignet macht. Das Cap ist in das Meer weit vorgeschoben und daher den Winden ausgesetzt; auch sieht man von demselben die Schneealpen, und ist demgemäß auch nicht gegen den kalten Luftstrom geschützt, der von denselben kommt. Auch fehlte es am Cap bis vor Kurzem an einem guten Unterkommen, das den Reisenden zum längeren Bleiben hätte einladen können. – Ich halte das Cap d'Antibes für einen der Glanzpunkte der Riviera. Wer dessen Herrlichkeit in ganzer Fülle gleich genießen will, der besteige den Hügelrücken, der die Seelaterne und das bescheidene Kirchlein *Notre-Dame de Bon-Port* trägt. Der Anblick, den man dort bei klarem, sonnigem Wetter genießt, ist geradezu überwältigend. Das Cap d'Antibes setzt sich so weit fort in das offene Meer, daß man von ihm aus, wie von einem Schiffe, das Land überblickt. Es trennt den Golf Jouan von der Baie des Anges und beherrscht so gleichzeitig die beiden Buchten. Im Westen wird das Bild von dem Esterel-Gebirge abgeschlossen, das in reicher Gliederung ganz unvermittelt aus dem Meere aufsteigt. Das Esterel erinnert in seinen Umrissen an das Siebengebirge, den Stolz unseres Rheinlandes, was sich aus dem vulkanischen Ursprung beider Gebirgszüge erklärt. Das vom Cap d'Antibes eine Stunde weit entfernte Cannes wird durch die Landenge der Croisette verdeckt, frei liegt hingegen vor ihm im Meere die Lerinische Insel St. Marguerite. Deutlich erkennt man auf ihr das Fort, in welchem einst der mysteriöse »*homme au masque de fer*« und neuerdings Bazaine eingekerkert waren. Es folgt an der Küste ein Ort auf den andern. Zunächst das Städtchen Golfe Jouan, in dessen wohlgeschütztem Hafen das französische Mittelmeer-Geschwader liegt. Zahlreiche Villen und Gärten decken die grünen Hügel, die sanft gegen das Meer abfallen. Nach Südwesten hin streckt das Cap d'Antibes noch einen Seitenarm in die Fluthen, und dieser trägt ein kleines Fort und das Grand Hôtel. Gegen Süden verliert sich der Blick in dem weiten Meer; gegen Osten kann er der Küste bis jenseits Bordighera folgen, wo diese endlich in dem Blau der Ferne schwindet. Im Halbkreis reihen sich an der Bai des Anges die Häuser von Nizza aneinander und versuchen es auch, die angrenzenden Hügel zu erklimmen. Im Vordergrund zeichnet sich grell das alte Antipolis, noch im mittelalterlichen Gewande, von steilen Mauern und Laufgräben umgeben und von dem malerischen Fort Carré beherrscht, das es zu Vaubans Zeiten erhielt. Nach Norden thürmen sich Berge auf Berge, um endlich in den schneebedeckten Alpen ihren verklärten Abschluß zu finden. So zeigt dieses Bild all das Erhabenste wieder vereinigt, was die Natur uns zu bieten vermag. Und wie wirkungsvoll zugleich ist der Gegensatz zwischen der unbegrenzten Fläche des Meeres und den bewegten Umrissen der himmelstürmenden Bergriesen; wie zart vermittelt die azurne Farbe des Wassers und das matte Grün der Küste, wie schroff abgesetzt das glänzende Weiß der Schneefelder von dem dunkeln Blau des Himmels! Wie athmet man frei in dem weiten Raum, welchen der Blick hier umfaßt; wie fühlt man sich geläutert durch die hehren Bilder, die sich in der Seele spiegeln!

Das kleine Kirchlein Notre-Dame de Bon-Port ist mit manchem *ex voto* geschmückt. Ringe und Ketten von Schiffen, kleine aus Holz geschnitzte Kähne, die an den Wänden hängen, deuten den Dank Jener an, denen es gelang, sich aus stürmischer See zu erretten. Am 8. Juli eines jeden Jahres ziehen die Schiffer von Antibes barfuß den Hügel hinauf und holen das Standbild der Mutter Gottes herab, um es in gleichem Aufzuge am nächsten Sonntag von Antibes wieder hinauf zu tragen.

Über das Grand Hôtel du Cap d'Antibes bildete sich ein ganz eigener Mythos. Es hieß, de Villemessant, der einst so bekannte Redacteur des »Figaro«, hätte den Bau veranlaßt, um ein Heim für Schriftsteller und Künstler zu schaffen. Dieselben sollten dort vereint ihren Arbeiten obliegen und durch die herrliche Umgebung zu bedeutendem Schaffen angeregt werden. Dieser Mythos war aber nur eine »*Blague*«, durch entsprechende Zeitungsartikel veranlaßt und durch eine »Expedition« großgezogen, die die Redaction des »Figaro« in diese Gegend unternahm. Auch scheint das treibende Motiv nur das gewesen zu sein, eine neue Station an der Riviera zu entdecken, von gleicher Rentabilität wie das rasch aufblühende Cannes. Man wollte es Lord Brougham nachmachen, von welchem der Reisebericht des »Figaro« vom 25. April 1867 erzählt, daß er die Stadt Cannes entdeckt habe – entdeckt insofern, als er dort Grundstücke zu 5 Sous den Meter vorfand, die sich bald zu 60 Francs verkauften. Der »Figaro« ließ es aber bei den schönen Plänen bewenden, und die projectirte »Villa Soleil« kam nicht zu Stande; wohl aber ließ ein Russe, der das Cap d'Antibes schon bewohnte, sich bestimmen, das große Hôtel du Cap zu erbauen. Das Unternehmen mißglückte, ein Pächter folgte dem andern, bis endlich das Haus geschlossen wurde. Erst jetzt, wo die Zahl der Reiselustigen so bedeutend zugenommen hat, stellen sich günstigere Bedingungen für das Unternehmen ein. Das Hôtel kam in sorgsame und geschickte Hände und wird sich voraussichtlich weiter gut entwickeln. Seine Lage ist einzig schön. Aus den Fenstern der Vorderseite hat man den vollen Blick auf den Golfe Jouan und das Esterel-Gebirge, während die Fenster der Rückseite nach den schneebedeckten Alpen schauen. Ein großer Garten umgibt das Gebäude und reicht bis zum Meer hinab. Er verliert sich in dem duftigen mediterranen Gestrüpp, und wo dieses aufhört, setzen nackte, zerrissene Felsen die schmale Landzunge fort. Unaufhörlich wälzt das Meer seine Wogen gegen diese Felsen, und heftiger Sturm jagt den Schaum der Wellen über dieselben hinweg. In tausend Klippen sind die steilen Abhänge des Caps zerrissen, bilden phantastische Stufen, Grotten, Buchten und Verstecke, und zu jeder Tagesstunde läßt sich an dem jähen Absturz eine Stelle finden, an der man, vor der Sonne und meist auch vor dem Winde geschützt, mit einem Buche in der Hand, sich niederlassen kann. Gelesen wird freilich kaum, denn die blauen Wellen schlagen fort und fort gegen die Steine und stören durch ihr Plätschern. Einmal berühren sie den Fels nur sacht, so daß man sie kaum hört, dann wieder schwellen sie an und plaudern so laut, als wollten sie vernommen werden. Zuweilen rollt die schwellende Fluth dicht heran, dann flieht sie wieder, und unwillkürlich folgt das Auge ihr nach. So lassen sich Stunden auf Stunden verträumen an dem steinigen Strande von Antibes, und unbemerkt verfliegt ein Tag nach dem andern. Die Nerven ruhen aus und sammeln neue Spannkraft für die gesteigerten Anforderungen der Zeit. – Ebenso wonnig wie auf seeumspülten Felsen lagert es sich zwischen den duftenden Sträuchern des Strandes mit dem blauen Zeltdach des Himmels über dem Haupte und einem begrenzten Stücke azurnen Meeres zur Seite. Man hat eine Decke über Myrten oder Rosmarinsträucher ausgebreitet und ruht nun wie auf einem Polster. Gewiß gehört es mit zu den hohen Reizen dieses bevorzugten Ortes, daß man aus dem Garten unmittelbar in die volle, reine, unverfälschte Natur gelangen kann. Denn die wohlriechenden Sträucher, die hier den Strand bedecken, sind nicht von Menschenhand gepflanzt. Sie bilden einen Vegetationstypus, der für das Mittelmeergebiet bezeichnend ist und den Namen **Maquis** führt. Immer mehr weichen diese Maquis der Cultur, namentlich an dieser stark bevölkerten Küste. Ueber größere Flächen ausgedehnt, findet man sie hier noch im Esterelgebirge. In voller Prachtentfaltung treten sie dem Reisenden erst auf Corsica entgegen.

Der Charakter dieser Maquis wird durch immergrüne Sträucher bestimmt. Selbst eine Anzahl baumartiger Gewächse nimmt in den Maquis Strauchform an. Bei der großen Mehrzahl dieser Sträucher ist die Laubentwickelung eingeschränkt worden, ja zum Theil geschwunden. Das Alles befähigt diese Pflanzen, langanhaltende Dürre auszuhalten. Im Frühjahr, wenn die nöthige

Bodenfeuchtigkeit zur Verfügung steht, kommen sie gleichzeitig zur Blüthe und zaubern dann, auf sonst dürrem Boden, üppige Gärten hervor. Es walten in den Maquis die aromatischen Gewächsarten vor. Aus jedem Strauch, den man streift, befreit man ganze Ströme von Wohlgerüchen. Dem Boden, den man tritt, entlockt man eine Fülle flüchtiger Essenzen: Rosmarin, Thymian, Lavendel, Cistusrose, Myrte und Pistacie mischen ihre Düfte und erfüllen mit ihnen die Luft. Die Färbung der Maquis ist eine bräunlich-grüne, und erst die Blüthen beleben den einförmigen Ton. Sie treten auf in massenhafter Fülle. Das zarte Blau der Rosmarinblüthe gesellt sich dann dem grellen Gelb der Ginster, die helle Farbe der Ciströschen dem dunkeln Violett der Lavendel. Auf Corsica scheinen die Abhänge ein einziger Blüthenstrauß um jene Zeit zu sein, und der Wanderer wird von dem Duft berauscht, der diesem Blüthenmeer entströmt. Nicht ohne Grund behaupten die Schiffer, daß man Corsica im offenen Meere schon aus weiter Ferne **riechen** könne, und nach jenem würzigen Duft seiner Heimathsinsel sehnte sich auch Napoleon zurück auf St. Helena, vor seinem Ende.

Was noch von den Maquis am Cap d'Antibes erhalten blieb, ist freilich wenig, und doch kann man selbst auf jener kleinen Landzunge vor dem Garten des Grand Hôtel fast alle die Arten zusammenlesen, welche den Typus der Maquis bestimmen. Unter den strauchartigen Formen fällt zunächst der Rosmarin durch seinen Duft, seine blauen Lippenblüthen und seine steif linealen, unterseits weiß-filzigen Blätter auf. Man begegnet ihm dort überall. Das wohlriechende Öl verflüchtigt sich, wenn man seine Blätter zerreibt. Diese Pflanze zieht man auch bei uns in den Gärten, besonders für die Bienen, deren Honig sie ein feines Aroma verleiht. Ihre Verbreitung nördlich von den Alpen wurde durch das Capitulare Karl's des Großen 812 gefördert, welcher die Anpflanzung des »*ros marinus*« in den kaiserlichen Gärten befahl. Im Alterthum hat man den Rosmarin viel zum Winden von Kränzen benutzt und schmückte mit diesen die Bildsäulen der Laren. Im Mittelalter bemächtigte sich die Symbolik dieses immergrünen, duftigen Gewächses, und es wurde zum Sinnbild der Liebe, der Treue und des Todes. Als Sinnbild der Treue gilt es auch bei Shakespeare, der die wahnsinnig gewordene Ophelia sagen läßt: »Da ist Vergißmeinnicht, das ist zum Andenken: ich bitte Euch, lieber Herr, gedenket meiner – und da ist Rosmarin, das ist für die Treue.«

Neben dem Rosmarin steht am Strande von Antibes überall der Thymian. Er hält sich am Boden, über und über bedeckt mit kleinen rosafarbigen Blüthen. Etwas höher steigt an reich verzweigten Stämmchen ein anderer Lippenblüthler auf, die *Lavandula Stoechas*, und streckt ihre violetten Blüthenähren zwischen den schmalen, weichfilzigen Blättern empor. – Zahlreich drängen sich aneinander die Ciststräucher. Sie erreichen hier kaum über einen halben Meter Höhe und tragen an reich verzweigten Ästen ihre bräunlich-grünen, klebrigen Blätter. Die Art mit kleineren weißen Blüthen ist *Cistus monspeliensis*; die andere mit weit größeren rosenrothen Blüthen, *Cistus albidus*. Die weißen wie die rosenrothen Ciströschen sind äußerst zart, in der Knospe zusammengeknittert, mit zahlreichen gelben Staubfäden in der Mitte verziert. Sie welken äußerst rasch, wenn man sie pflückt, doch entfalten sich an Zweigen, die man in Wasser stellt, alsobald neue Blüthen. Die Ciststräucher tragen nicht wenig dazu bei, den Maquis von Antibes einen charakteristischen Geruch zu verleihen. Das Gummiharz, welches einige südeuropäische Cistus-Arten ausschwitzen, war unter dem Namen Ladanum oder Labdanum früher ein berühmtes, von griechischen Aerzten viel benutztes Heilmittel. Heute wird es nur noch zum Räuchern verwendet. – Wer aufmerksam den Boden zwischen den Ciströschen durchsucht, kann ein eigenthümliches Gewächs dort finden, einen Parasiten, der aus den Wurzeln der Ciströschen seine Nahrung zieht. Er fällt durch seine brennend gelbrothe Färbung auf und heißt *Cytinus hypocistis*. Grüne Blätter fehlen ihm; er hat sie eingebüßt, da er sich nicht mehr selbständig zu ernähren braucht. Die Rafflesiaceen, zu denen dieser Cytinus gehört, sind im Übrigen Tropenbewohner. Sie leben parasitisch und entwickeln dabei zum Theil riesig große Blüthen. Die größte Blüthe der Welt wird von einer solchen Rafflesiacee, der *Rafflesia Arnoldi*, erzeugt, welche auf Sumatra den Wurzeln gewisser Cistus-Arten aufsitzt. Diese Blüthen können einen Meter im Durchmesser erreichen. – Den Ciströschen nahe verwandt sind die Sonnenröschen, Helianthemum-Arten, die auch unserer Flora nicht fehlen und in den Maquis hier und dort mit ihren zarten schwefelgelben Blüthen am Boden hervorschauen. – Wesentlich höher als selbst die Ciströschen wird ein stark bewaffneter Strauch mit gelben Schmetterlingsblüthen, die *Calycotome spinosa*. Diese verdient es wohl, eine nahe Verwandte der *Genista acantoclada*, jener Tartarusgeißel zu sein, deren wir früher erwähnten. Sie ist mit dornartigen, scharfen Seitenästen so dicht besetzt, daß man sie sorgfältig in den Maquis meiden muß. Weniger unzugänglich ist die nah verwandte Besenpfrieme (*Spartium junceum*), ein fast blattloser Strauch mit rutenförmigen grünen Ästen und großen gelben Blüthen. Aus diesen Binsenpfriemen werden Körbe, Netze, ja selbst Schuhe geflochten, der Bast wird zum Binden benutzt, auch eine Art Leinwand aus ihm dargestellt.

Sehr häufig in den Maquis ist die Mastix-Pistazie (*Pistacia Lentiscus*). Hier tritt sie nur als Strauch auf, während sie unter anderen Bedingungen auch zum Baume emporwachsen kann. Einen solchen schönen Lentiskenbaum, mit dichter, schirmförmiger Krone, kann man unweit vom Hôtel, im Garten einer Villa von der Straße aus bewundern, die nach Golfe Jouan führt. Die dunkelgrünen, paarig gefiederten, lederartig zähen, oberseits glänzenden Blätter sind für *Pistacia Lentiscus* charakteristisch; es zeichnet sie außerdem ein besonderer harziger Geruch aus. Die an sich sehr kleinen Blüthen fallen schon aus der Ferne auf, weil sie in dunkelrothen Trauben bei einander stehen. Dieses Gewächs liefert den altberühmten Mastix, doch kann derselbe nicht aus dem Strauchwerk der Maquis, sondern nur aus sorgsam cultivirten Mastixbäumen gewonnen werden. Diese gedeihen am Besten auf der Insel Chios und haben dieser Insel sogar den Namen der Mastix-Insel verschafft. Das Harz, welches aus künstlich ausgeführten Einschnitten, doch auch von selbst aus den Zweigen hervortritt, findet seine hauptsächliche Verwendung im Orient, wo es gekaut wird, ähnlich wie die Blätter des Betelpfeffers in Indien. Es heißt, daß Mastix das Zahnfleisch festige und den Athem parfümiere. Vornehme türkische Frauen bringen den ganzen Tag mit Mastixkauen zu. Bei uns wird wohl auch Zahnpulver aus dem Mastix bereitet, vornehmlich aber dient er zum Räuchern und zur Firnißbereitung.

Fremdartig muthet den Nordländer das Wolfsmilchbäumchen, *Euphorbia dendroides*, an, da wir doch unsere Wolfsmilcharten nur zu sehr bescheidener Höhe emporwachsen sehen. Diese Euphorbia-Bäumchen können an der Riviera zwei Meter Höhe erreichen und Stämme bilden, die man mit beiden Händen kaum zu umfassen vermag. Die Pflanze gabelt sich fort und fort während ihres Wachsthums und bildet eine gewölbte Scheindolde, die durch ihre gelbe Färbung von Weitem schon in die Augen fällt. Sie ist eine der eigenartigsten Pflanzenformen der Riviera. Man findet sie in den Maquis und auch sonst durch das Land zerstreut. Schon Dioskorides und Plinius war sie aufgefallen. Zur Zeit der Sommerdürre wirft sie ihre Blätter ab und steht kahl da, wie unsere Gewächse im Winter. Das Volk an der Riviera streut diese Wolfsmilchart ins Wasser, um die Fische zu betäuben, und über einen ähnlichen Brauch wird auch aus Griechenland berichtet. – Bedeutend steht diesem Wolfsmilchbäumchen an Größe eine andere Wolfsmilchart nach, die in den Maquis sich als niedriger Busch am Boden hält, die *Euphorbia spinosa*. Sie ist gelb gefärbt, wie die große Art und führt den Namen nach den abgestorbenen Zweigen, die in harte Spitzen auslaufen. – An ihren fleischigen, kleinen, dicht gedrängten Blättern, ihren weißbehaarten, überhängenden Zweigen, den kleinen, gelben, unscheinbaren Blüthen ist eine sonst seltene Thymelaeacee, die *Passerina hirsuta*, kenntlich. Auch die baumartige Heide, *Erica arborea*, fehlt nicht in den Maquis am Cap. Sie schmückt im Frühjahr ihre Zweige so dicht mit den kleinen glockenförmigen Blüthen, daß sie aus der Ferne ganz weiß erscheint. Der Erdbeerbaum (*Arbutus Unedo*) ist hier auch, doch nicht zahlreich, vertreten; seine erdbeerartigen Früchte werden auf den Märkten der Riviera feil geboten. Im Aussehen gleicht er der Heide kaum, entstammt aber doch derselben Familie. Die Übereinstimmung liegt nicht im Laub, wohl aber in den glockenförmigen Blüthen, die im Übrigen größer sind und in röthlich weißen Rispen abwärts hängen. Die immergrünen Blätter sind eiförmig, am Rande stark gezähnt; sie sehen wie Lorbeerblätter aus. Die Früchte reifen sehr langsam; man findet sie oft, mit neuen Blüthen zusammen, noch am Baume. Sie schmecken süßsäuerlich, doch fade, daher auch Plinius ihren Namen »*Unedo*« von »*unum tantum edo*« (nur eine esse ich) ableitete. Dem römischen Volke dienten Arbutuszweige als Zaubermittel. Mit ihnen wurden dreimal die Pfosten und Schwellen der Thüren berührt, um vampyrähnlichen Geschöpfen den Eingang zu wehren, die des Nachts den Kindern in der Wiege das Herzblut aussaugen sollten. Ein Zweig des glückverheißenden Weißdorns im Fenster des Schlafgemachs hielt auch die Unholde ab.

Überall drängt sich in die Maquis die immergrüne Steineiche, *Quercus Ilex*, ein. Sie bleibt dort strauchartig. Ihre eiförmigen, vorn zugespitzten Blätter sind an der Unterseite grau und an diesem Merkmal von den benachbarten Sträuchern zu unterscheiden. Die scharfe Zähnelung des Blattrandes kann auch fehlen. Außerhalb der Maquis ist die immergrüne Steineiche ein mächtiger Baum. Aus ihrem Laube wurde im alten Rom die Bürgerkrone geflochten, von der Plinius sagt, sie überstrahle alle anderen Kränze, selbst die kostbarsten, an Würde. An einzelnen Sträuchern der Maquis klettert eine zarte Spargelart (*Asparagus acutifolius*). Der holzige, biegsame Stengel, der an abstehenden blattlosen Seitenästchen kleine nadelförmige Zweige trägt, welche die Stelle der Blätter vertreten, wird viel zu Guirlanden benutzt, und öfters findet man an der Riviera Spiegel und Kronleuchter der Wohnräume von solchem Spargelkraut umwunden. Die jungen Triebe dieser Asparagus-Art genießt man wie unseren Spargel. In Sicilien werden in ähnlicher Weise als »Spargel« die jungen, wohlschmeckenden, schon im Alterthum geschätzten Triebe des stechenden Mäusedorns (*Ruscus aculeatus*) verzehrt.

Zu den Charakterpflanzen der Maquis gehört ferner der Phillyrcastrauch (*Phillyrea angustiflora*), daher ich ihn nicht übergehen darf. Er erreicht ein bis zwei Meter Höhe und ist durch seine auswärts gerichteten, lineal-lanzettlichen, lederartigen Blätter und die kleinen, weißlichen, in sehr kurzen Trauben zusammengedrängten Blüthen ausgezeichnet. Dieser Strauch gehört zu derselben Familie wie der Ölbaum, dem er auch ein wenig ähnelt. – Botanisch sehr interessant als Vertreter der Cneoraceen, ist ein Strauch mit glänzenden grünen, lanzettförmigen Blättern und kleinen, gelben Blüthen, die zu zwei bis drei an den Enden der Zweige stehen: *Cneorum tricoccum*. Seiner eleganten Tracht wegen wird er auch in den Gärten der Riviera vielfach cultivirt; man sieht ihn sogar in den so raffinirt gehaltenen Casinogärten von Monte Carlo einen, wenn auch bescheidenen, Platz einnehmen.

Die mit großen, rothfarbigen Scheinbeeren beladene Wachholderart der Maquis ist *Juniperus oxycedrus*. Ihre Scheinbeeren werden im Orient und in Griechenland ganz wie die Scheinbeeren unseres Wachholders verwandt. Das Holz widersteht sehr gut der Luft und den Würmern und diente im Alterthum vielfach zur Darstellung von Götterbildern. – An offenen Stellen strebt vom Boden empor *Globularia Alypum* und trägt an den Enden der Zweige schöne blaue Blüthenköpfchen. Wird der Boden so unfruchtbar, daß er andere Gewächse nicht zu ernähren vermag, so deckt ihn in dichtem Rasen die *Caldonia alciornis*, eine graue Flechte, die auch sonst über Europa, über Nordafrika, Nordamerika und einen Theil von Asien verbreitet ist.

Überall in den Maquis von Antibes begegnen wir der Myrte und der Strauchform des Ölbaums. Der Ölbaum paßte sich wie die Steineiche den Maquis an und wurde zum Strauch. Er veränderte sich so stark, daß ihn schon die Alten in dieser Form als Oleaster unterschieden. Der Oleaster wie die Myrte wagen sich ganz besonders weit an dem Strande vor. Sie trotzen dem heftigsten Seewind und werden von ihm so abgerundet, als hätte sie Menschenhand geformt. Ein Theil ihrer Zweige ist an der Seeseite kahl, zuweilen wirklich abgestorben. Die Zweige des Ölbaums, ein Sinnbild des Friedens, nehmen am Oleaster, in so exponirter Lage, dornartige Gestalten an. Sie spitzen sich zu, ragen so als scharfe Waffen an der Seeseite vor und machen den Strand dort unzugänglich. An der Landseite bewahrt die Pflanze gleichzeitig ihren friedlichen Charakter. Dieser unmittelbare Einfluß der Medien kommt auch in der Ausbildung der Blätter zum Ausdruck, die an der Seeseite sehr klein bleiben, an der Landseite weit bedeutendere Größe erreichen. – Bis zuletzt begleitet die Sträucher der Maquis am Strande die »italienische Stechwinde« (*Smilax aspera*) und findet Schutz zwischen ihren Zweigen. Blätter und Stengel dieser Schlingpflanze sind mit Stacheln besetzt, die ihr das Klettern erleichtern. Im Frühjahr ist die Stechwinde mit rothen Fruchttrauben geschmückt. Nach Blüthen muß man im Herbst suchen. Diese duften sehr lieblich; daher wurde blühende Stechwinde im Alterthum, mit Epheu in Kränze gewunden, oft bei Bacchusfesten verwendet.

Diese Aufzählung mag genügen, um Denjenigen, der Freude hat an den Erscheinungen der Pflanzenwelt, in das Leben der Maquis einzuführen. Er wird bald die einzelnen Pflanzenformen unterscheiden lernen, sie beim Wiedersehen als alte Bekannte begrüßen und innerhalb dieser duftigen Umgebung sich um so heimischer fühlen.

Auf dem schmalen Vorsprung, der, den Stürmen preisgegeben, hier noch einige hundert Meter weit das Cap fortsetzt, sieht man schließlich alles Pflanzenleben schwinden. Immer härter wird der Kampf, den die Gewächse in so exponirter Lage zu bestehen haben, und sein Einfluß macht sich in ihrem Aussehen kenntlich. Da alle über die Bodenfläche sich erhebenden Theile der Pflanze der Zerstörung ausgesetzt sind, sucht diese aus jeder Vertiefung des Bodens Vortheil zu ziehen. Sie breitet sich flach an der Erde aus, erhält knorrige, kriechende Stengel, eine ganz abenteuerliche Gestalt. Auffallend ähnlich wird das Aussehen solcher Gewächse demjenigen der Alpenpflanzen. Wir könnten, dem Vegetationsbilde nach, uns einige tausend Meter hoch über dem Meeresspiegel denken, reichten die blauen Wellen nicht fast bis an unsere Füße. Die verkrüppelten Gewächse der Maquis weichen allmälig den Strandpflanzen. Auch diese finden alsbald nur noch

Schutz in Spalten oder hinter den Steinen. Dem nackten Felsen haftet aber noch an vielen Stellen, in Gestalt runder Flecke, eine gelbe Flechte, die *Lecidea*, an. Zuletzt dringt das Meer von allen Seiten zwischen die zerrissenen Felsen ein, und wir stehen ganz anderen Vertretern des Pflanzenreichs gegenüber, den form- und farbenreichen Seealgen, den Bewohnern des Meeres.

In vollem Contrast tritt uns dann bei der Rückkehr die Fülle südlicher Pflanzenformen in dem Garten des Hôtels entgegen. Vor dem Hause stehen Chrysanthemen (*Chrysanthemum frutescens*) von ganz seltener Schönheit. Sie bilden kugelige Sträucher von fast zwei Meter Höhe und sind mit Tausenden strahliger Blüthenköpfchen, wie mit weißen Sternen besetzt. Über die Mauern herab hängt mit ihren dicken, fleischigen Stengeln und Blättern die südafrikanische Mittagsblume (*Mesembryanthemum acinaciforme*), die ihre großen rothen Blüthen nur bei Sonnenschein entfaltet. In unmittelbarer Nähe des Hauses ist der so überaus große Garten wohl gepflegt, weiterhin aber sich selbst überlassen. Da entwickelt sich denn ein merkwürdiger Kampf um Raum, um Licht und Nahrung zwischen den Gewächsen aller Zonen, welche der Zufall hier zusammenführte. Die australischen Casuarineen werden von dem amerikanischen Pfefferbaum bedrängt, das japanische Pittosporum wehrt sich gegen die mediterrane Tamariske. Siegreich dringen aber gegen sie alle die beiden Kieferarten vor, denen wir überall an der Riviera begegnen, die zartnadelige Aleppokiefer (*Pinus halepensis*) und die derbnadelige Strandkiefer (*Pinus Pinaster*) und vermitteln den Übergang zu den Maquis.

Zwischen den Kiefern am Cap begegnet man, wie auch sonst an der Riviera, nur zu häufig einer Processionsraupe, der Raupe des Pinien-Processionsspinners, *Cnethocampa Pityocampa.* Diese schwarzen, braun gestreiften Raupen ziehen im Gänsemarsch zu Hunderten über die Wege. Die eine berührt die andere, und sie bilden so zusammen eine lange Schnur, eine lebendige Kette, die sich als Ganzes vorwärts bewegt. Unterbricht man die Kette, so bleibt der vordere Abschnitt derselben stehen, der hintere Abschnitt rückt nach. Hin und her tastend sucht die erste Raupe dieses hinteren Abschnittes wieder nach dem Anschluß. Gelang es ihr, die hintere Raupe des vorderen Abschnittes zu erreichen, so setzt sich die ganze Kette wieder in Bewegung. Diese Raupen richten großen Schaden an Kiefern und auch Pinien an, sie berauben sie oft vollständig ihrer Nadeln. Des Tags halten sie sich in jenen großen grauen Gespinnsbeuteln auf, die an Kiefern und Pinien so in die Augen fallen, und in der Sonne seidig glänzen. Des Nachts verlassen sie das Nest, um auf Futter auszugehen. Jene Raupen, denen man am Boden begegnet, suchen nach einer passenden Stelle, um sich in der Erde zu verpuppen. Man darf weder die Raupen noch ihre Nester berühren, da die in die Haut eindringenden Haare derselben gefährliche Entzündungen veranlassen. Daher auch Leute, welche die Nester von den Bäumen entfernen, um sie zu verbrennen, sich gegen den Wind stellen und auch sonst sehr vorsichtig zu Werke gehen. Als bestes Verfahren gilt, Petroleum in die Nester zu gießen, ohne sie zu entfernen. – Die hängenden Nester dieser Raupen und ihre langen Züge sind so auffällig, daß sie wohl jeder Reisende an der Riviera bemerkte. Nur wenige werden hingegen Gelegenheit haben, die Spinner kennen zu lernen, die sich aus den verpuppten Raupen entwickeln. Sie sind auch weder auffällig noch schön, grau, mit einigen dunkleren Flecken und Streifen. Sie fliegen im Hochsommer, legen ihre Eier an die Unterseite der Kiefernadeln und bedecken sie mit dünnen silbergrauen Schuppen.

X.

Ein Stück unverfälschte Maquis bietet uns auch das weite Grundstück, östlich neben dem Hôtel. An Sonntagen steht das Thor den ganzen Tag offen, um den Zugang zu der englischen Kapelle zu ermöglichen, die sich innerhalb dieses Grundstücks befindet. Auch sonst gestattet die Besitzerin gern den Besuch. Der schöne Garten, der das Wohnhaus umgibt, ist nur wenig ausgedehnt, der meiste Boden noch in seinem früheren Zustand. So gelangt man nach Eintritt in die Besitzung durch immergrüne Sträucher, üppige Erica-Büsche und mächtige Euphorbien, bis zum Meeresstrande. Dieser ist hier besonders schön gestaltet und hat schon manchem Maler als Vorwurf gedient: Steil aufsteigende und zerrissene Felsen, vom Meere umspült, vielfach an die Faraglioni von Capri erinnernd. Der Besitzer James Close liebte dieses Stück Erde so sehr, daß er sich hier begraben ließ. Der Ausblick zwischen den Felsen nach dem Esterel und ins weite Meer ist großartig und entzückend. Auch lauscht man gern dem Rauschen des Wassers, das sich in den tiefen Felsenspalten hebt und senkt und forscht dem bunten Leben nach, das hier im Schatten der Steine aus den Tiefen des Meeres zum Lichte emporsteigt.

XI.

Wer am Cap d'Antibes einen Seesturm erlebte, wird den Eindruck nie vergessen. Für das schlechte Wetter, welches er zuvor erleiden mußte, wird er bald durch den Anblick des entfesselten Elements entschädigt. Ein starker Wind bläst zunächst vom Meere aus; das ist Scirocco. Die Luft wird unendlich klar, und alle Gegenstände rücken in die Nähe. Die Umrisse der Berge sind wie mit Bleistift am Himmel gezogen. Sucht man sich vor dem Wind zu decken, so empfindet man beklemmende Schwüle. Dann beginnt der Horizont sich in rothgrauen Dunst zu hüllen. Die Macht des Windes läßt nach, und es trübt sich der ganze Himmel. Bald hört man große Regentropfen gegen die Scheiben schlagen. Das hält wohl einige Tage an. Die Temperatur ist stark gesunken, die Luft bleibt trotzdem drückend. In den Zimmern sehnt man sich nach dem warmen Ofen seiner Häuslichkeit zurück. Doch schon am nächsten Morgen wacht man auf, geblendet von dem leuchtenden Blau des Himmels. Man eilt hinaus und athmet mit voller Brust die erquickende Luft ein. Noch glänzen alle Pflanzen von dem frischen Regen, und wie Diamanten fließen funkelnde Tropfen von den Blättern ab. Die Brandung aber stürmt mit Gewalt gegen die Felsen der Küste, als wenn sie dieselben zerschmettern wollte. Weithin vernimmt man das donnerartige Getöse des Angriffs. Die Spitze des Caps ist nicht zu erreichen, denn die Wellen fegen darüber hinweg. Fern am Horizont steigt die Welle auf wie eine geschlossene Mauer; auf ihrem Wege schwellend und wachsend, wälzt sie sich gegen das Land, um zerschmettert und von weißem Schaum ganz bedeckt wieder zurückzurollen. Sie trifft auf eine andere Welle, die ebenso drohend nahte, und beide sieht man verschwinden. Da wird es plötzlich still. Ein Wellenberg ist auf ein Wellenthal gestoßen, beide glichen sich aus. Doch wenn Wellenberge zusammentreffen, dann schwillt die stürmende Woge so mächtig an, daß sie ächzend sich überschlägt und mit gewölbtem Rücken auf die Felsen wirft. Ungeheuere Wassermengen werden dann in die Luft geschleudert, und See und Himmel scheinen in demselben Chaos zu verschmelzen. Mit dumpfem Knall, wie von schwerem Geschütz, fangen sich die Wellen in den Grotten, die sie selbst in den Stein sich gruben; wie ein Jammern und Stöhnen klingt es durch das Cap von den vielen Wasserfäden, die sich in den Gängen zwischen den Felsen verirrten und, in hastigem Lauf über die Steine stürzend, ihren Weg nach dem Meere suchen. Von dem anstürmenden Element allseitig umgeben, glaubt man sich fast ins offene Meer versetzt und ist ganz von dem Schauder des Sturmes ergriffen. Wie wohlthuend wirkt da zugleich der feste Boden unter den Füßen!

Tage vergehen, bevor die Erregung des Meeres sich legt und die weite Wasserfläche wieder Ruhe und Frieden athmet. Und täglich ist es ein anderes, wenn auch immer das gleiche, und täglich fesselt es uns von Neuem und entzückt unser Auge, dieses göttliche Meer.

XII.

Wer am Cap d'Antibes im Bergsteigen sich üben möchte, bleibt auf den nur hundert Meter hohen Bergrücken angewiesen, der die Seelaterne und die *Notre-Dame de Bon-Port* trägt. Doch sind die Spaziergänge längs der Buchten, an den Abhängen der Hügel und zwischen den Gärten so mannigfaltig, daß man sie täglich ändern kann. Stets wird man durch eine neue Aussicht auf die Küste, das Gebirge, die Schneegipfel der Alpen, durch malerische Felsgruppen am Strande oder durch besonders schöne Vegetationsbilder überrascht. Selbst die sonst so eintönige Wanderung auf einer Landstraße wird hier zum Genuß. So wenigstens auf der Landstraße, die das Cap durchschneidet. Denn diese führt an endlosen Pflanzungen von Anemonen, Ranunkeln, Goldlack, Levkojen, Tazzetten und Reseda vorbei. Besonders fesselt das Auge die Pracht der Ranunkeln und Anemonen, die man schöner und farbenreicher nirgends sehen kann, während der Geruchssinn zugleich umfangen wird von dem Dufte, der dem übrigen Blüthenmeer entströmt. Zu jenen Blüthen im Felde gesellen sich hier in großer Zahl auch die Blüthen der Lüfte, die Schmetterlinge. Rothgefleckte Aurorafalter fliegen rasch vorüber; langsam wiegt sich hin und her der schwarz gestreifte, gelbe Segelfalter; am meisten fällt aber durch ihre Schönheit die Cleopatra auf, ein südeuropäischer, schwefelgelber Citronenfalter mit orangeroth abgetönten Vorderflügeln.

Das Cap von Antibes versorgt jetzt mit seinen Blumen die nächsten Märkte der Riviera und versendet sie auch in großen Mengen täglich nach dem Norden. Wie groß der Verbrauch an Blumen an der Riviera selbst geworden ist, wird Jeder beurtheilen können, der die Blumenmärkte der Städte dort besuchte und einigen Blumenfesten beigewohnt hat. Die Blumenausfuhr nach dem Norden hat andererseits riesige Ausdehnung angenommen. Thatsächlich reicht diese Art Blumencultur an der Riviera nicht über 1850 zurück, früher wurden die Blüthen nur zum Zwecke der Parfümerie gezogen. In der nächsten Nähe von Toulon beginnen die Pflanzungen und reichen bis nach Genua; die französische Seite der Riviera ist in einen einzigen Blumengarten schon verwandelt. In Ollioules bei Toulon werden Unmengen römischer Hyacinthen gezogen und wandern abgeschnitten nach den nordischen Städten, bevor die holländische Hyacinthe dort erscheint. In Ollioules gibt es auch Narcissen, Jonquillen, Tazzetten, weiße und rothe Nelken. In der Gegend von Cannes und Grasse herrschen die Anemonen und Ranunkeln vor. Sie zeigen ungeahnte Größe und seltene Farbenpracht. Nicht minder staunt man über den Umfang, den Nelken, wie der *Dianthus Caryophyllus flore pleno, var. Marguerite*, hier erreichen können: manche Blüthe sieht aus, als wenn sie ein kleiner Blumenstrauß wäre. Zu diesen Pflanzen gesellen sich die Theerosen. Unter ihnen herrscht die sattgelbe *Safrano* vor, die auch rauhe Witterung gut verträgt und selbst im December ihre Blüthenknospen treibt. Gleich genügsam sind manche Monatsrosen, die weiße *Bengal-Ducher* und die rothe *Bengal-Sanglant*, die demgemäß auch bevorzugt werden; doch an stark besonnten Mauern und unter Glasdächern, die in Cannes und Antibes große Bodenflächen decken, gedeihen die empfindlicheren Rosen, so auch *Maréchal Niel*, *Marie van Houtte*, *Gloire de Dijon*, *Souvenir de la Malmaison*, *Paul Nabonnand*, *La France* und wie sie sonst heißen, jene Rosen, die auch unsere Blumengärten im Sommer zieren. Hunderttausende solcher Blüthen entfalten sich im Frühjahr an einem und demselben Tage in Cannes und Antibes, oft ohne daß noch eine Möglichkeit vorhanden wäre, sie alle zu verwerthen. – In Cannes steht jetzt auch die *Acacia dealbata* in schwungvoller Cultur und wandert nach dem Norden. Ihre runden Blüthenknäuel, in Traubenform vereint, und die zart gefiederten Blätter haben ihr im Handel den Namen Mimose verschafft. Der Baum wächst erstaunlich rasch, so daß er in fünf bis sechs Jahren wohl zehn Meter Höhe erreicht. Er ist dann schon im Januar mit gelben Blüthen über und über bedeckt. Nach Deutschland gelangt viel *Acacia retinoides*, die runde Blüthenknäuel wie die andere Art besitzt, doch einfache lederartige lancettförmige Blätter trägt. Eigentlich sind jene Blattgebilde nicht ganze Blätter, vielmehr hat der wissenschaftliche Vergleich gelehrt, daß die Blattfläche bei diesen Acazien schwand und der Blattstiel sich spreitenartig erweiterte. Wir nennen solche Gebilde Phyllodien. Auch *Acacia longifolia*, die man viel in nordischen Blumenläden sieht, ist mit solchen Phyllodien versehen. Man erkennt sie leicht daran, daß ihre Blüthen nicht zu runden Knäueln, sondern zu raupenförmigen Kätzchen vereinigt sind. Alle diese Acazien blühen gelb, sie folgen in der Jahreszeit auf einander, zuletzt kommt *Acacia cultriformis*, die erst im März an der Riviera im Blüthenschmuck prangt. Ihre Blüthenstände sind wiederum rund, die Phyllodien aber kurz und breit, zugleich rautenförmig. – Allen Blumensendungen nach dem Norden pflegt man die überall beliebte Reseda beizulegen. Veilchen vertragen schlecht eine weite Reise, werden aber an der Riviera selbst in Unmengen verbraucht, dort auch mit Syrup getränkt und zu Dragée's verarbeitet. Dann versendet man auch blaue Kornblumen, Tuberosen, Goldlack und Levkojen, Gladiolen und weißblühendes Allium, Ixien und die duftenden Freesien. An der Riviera selbst fällt dem Fremden in den Schaufenstern der Blumenläden eine große graue Iris auf, die ganz fein purpurn gesprenkelt ist, eine wahre Trauerblume, die *Iris Susiana.* Von den großen weißen oder gelben Chrysanthemen (*Chrysanthemum frutescens*) werden die Blüthen auch viel verwandt, besonders die gelben, die als *Étoile d'Or* bekannt sind. Sie wandern vornehmlich nach England. Die Expedition dieser Blume reicht bis in den Juni hinein, so lange, als in London die Saison dauert. Man hat berechnet, daß von allen diesen Blumen Cannes und Antibes zusammen in einem Winter für mehr als eine Million Francs nach dem Norden versenden; viel mehr noch wird an der Riviera selbst verkauft.

Die überaus starke Concurrenz veranlaßt strebsame Geister, nach immer neuen »Schöpfungen« für den Blumenmarkt zu sinnen. So erschienen plötzlich in den Centralhallen von Paris als »Neuheit« **grüne** Nelken. Solche hatte man in der That bisher nicht gesehen, es sei denn auf den Bildern der Impressionnisten. Es ergab sich, daß auch diese grünen Nelken nicht ganz unverfälschte Naturproducte waren. Man erhält sie, indem man abgeschnittene weiße Nelken einen ganzen Tag lang, ja selbst länger, in eine grüne Farbstofflösung stellt. Soll der Versuch gut gelingen, so muß der Stengel innerhalb der Lösung frisch durchschnitten werden. Man kann in gleicher Weise die eine oder die andere Färbung erlangen, nur gilt es, Farbstoffe zu wählen, welche gut in der Pflanze aufsteigen. Am leichtesten gelingen Rothfärbungen weißer Blüthen mit Eosin.

Am Freitag Nachmittag beleben sich plötzlich die Straßen am Cap. Da kommen von allen Seiten Equipagen und bringen Besucher nach Elen Rock, dessen Garten an jenem Tage geöffnet ist. Dieser Garten nimmt einen Vorsprung ein östlich vom Cap. Er liegt zum Theil auf schroffen Felsen, die senkrecht gegen das Meer abfallen. Stufen und Gänge innerhalb dieser Felsen führen hinunter bis zur Meeresfläche. Der Garten bietet herrliche Aussichtspunkte und ist auch reich an schönen Pflanzen, doch macht er einen etwas gekünstelten Eindruck innerhalb der so großartigen Umgebung.

Am Dienstag ist vom frühen Morgen an der Thuret'sche Garten geöffnet, derselbe, der einst George Sand so sehr entzückte. Er dient jetzt der französischen Regierung als Acclimatisationsgarten und enthält sehr viele werthvolle Pflanzen. Manche Arten, die wir in La Mortola schon bewundert haben, finden wir hier in noch größeren Exemplaren wieder. Die berühmte, von George Sand gefeierte Aussicht ist leider geschwunden, verdeckt von den heranwachsenden Bäumen.

Von dem Thuret'schen Garten läßt sich gleich abwärts, in westlicher Richtung, der Weg nach dem Golfe Jouan einschlagen, und so kann man in den Pinienwald gelangen, der sich längs der Küste dort hinzieht. Dieser Pinienwald war einst der Stolz des Caps, jetzt ist er nur noch in Überresten vorhanden. Eine Actiengesellschaft hat die ganze Landstrecke angekauft, eine breite Straße, die Cannes mit dem Cap d'Antibes verbindet, durch den Pinienwald gelegt, diesen selbst parcellirt und mit Eisendraht umzogen. Doch steht manche mächtige Pinie noch da, und in ihrem Schatten gelingt es wohl, sich in die alte Herrlichkeit zurückzuträumen.

XIII.

Die zweite Aprilhälfte war inzwischen angebrochen, und die Pflicht rief mich wieder heim. Ein klarer, wundervoller Frühlingstag ging zur Neige, und ich beschloß, vor Sonnenuntergang noch einmal den Leuchtthurm aufzusuchen. Die Sonne schickte sich an, hinter dem Esterelgebirge zu verschwinden und tauchte dessen dunkelblaue Gipfel in Gold und Purpur. Bald deuteten nur noch lange Lichtstreifen den Weg an, den sie genommen. Trotz seines hehren Glanzes konnte mich dieses Bild nur wehmüthig stimmen: es steigerte die Empfindung des Abschiedes. Ich wandte meine Blicke den Bergriesen zu, die mit phantastischem Umriß sich von dem östlichen Himmel abhoben. Sie begannen im Abendroth zu glühen. Es war ein Anblick, so erhaben, daß man sich in demselben ganz verlieren konnte, von jener weltumfassenden Sehnsucht ergriffen, die uns mit dem All verbindet. Jedes persönliche Empfinden war gewichen vor dem mächtigen Gefühl, sich Eins mit dieser göttlichen Natur zu fühlen. – Immer weiter und weiter dehnten sich die Schatten aus über das Land: sie begannen emporzusteigen an den Hügeln, an den Bergen, sie drangen ein in die Tiefe der Thäler und löschten die glühenden Lichter aus an den Hütten und Palästen. Die ganze Natur schien sich in tiefen Schlaf zu versenken. Bald waren es nur noch einzelne Segel im weiten Meere und die schneebedeckten Gipfel der Alpen, die im rosigen Schimmer glühten. Dann legte sich ein schwarzer Schatten auch über das Meer, und nur den Riesen da oben war es vergönnt, die Königin des Lichtes noch zu schauen. Wie von innerem Feuer entbrannt, schwebten sie jetzt in überirdischer Glorie.

Dieses Bild wollte ich in meinem Innern festhalten als letzten Eindruck von der Riviera, und mit geschlossenen Augen trat ich den Rückweg an. Als ich mich endlich umsah, hatten die Schatten der Nacht sich bereits über die Hügel gelagert und die Umrisse der Dinge in geisterhaften Schemen verwischt. – Hoch oben aber ragte der Leuchtthurm in die Lüfte. Vom Wächter entzündet, strahlte er jetzt wie ein großer Stern weit über Land und Meer, ein Ziel der Sehnsucht für Alle, die jenes herrliche Stück Erde einmal gesehen.

Frühjahr 1894.

I.

Der Frühlingsanfang des Jahres 1894, den ich an der Riviera verlebte, prägte sich meiner Erinnerung in besonders glänzenden Farben ein. Wochenlang blieb der Himmel ohne Wolken, so daß einzelne Regentage, wenn sie kamen, fast willkommen erschienen. Da es an Schnee in den Bergen fehlte, wehte fast nie der Mistral, den sonst die eisigen Flächen der Alpen und Cevennen gebären. Das Meer blieb meist ruhig, und wenn die Nacht kam, dann funkelte der Himmel und spiegelte sich so hell in der stillen See, als wäre in deren Tiefen eine Saat von Sternen aufgegangen.

Mitte März fanden wir uns in Hyères ein mit der Absicht, unseren Weg bald ostwärts in die Berge der Mauren fortzusetzen. Es war uns, als hätten wir eine Entdeckungsreise angetreten, so unbekannt ist dieser westliche Theil der Riviera. Und doch konnte Hyères, neben Montpellier und Aix-en-Provence, sich einst rühmen, der berühmteste Kurort des südlichen Frankreichs zu sein. Weiter gegen Osten an der Riviera vorzudringen, schien damals kaum möglich, und erst in diesem Jahrhundert änderten sich die Verhältnisse, begannen zuerst Nizza, dann Mentone und Cannes als klimatische Stationen aufzublühen. In dem Wettstreit, der sich nunmehr entspann, mußte Hyères unterliegen, denn es ist weniger gut gegen den Nordwind als seine Rivalinnen geschützt. Auch steht es ihnen nach an Schönheit der Lage und ist zu weit vom Meere entfernt. – »Die Hügel sind hier zu klein und zu nah, das Ufer ist zu flach und das Meer zu fern,« rief einst George Sand aus, als sie Hyères besuchte. Von dem Hügel, an den Hyères sich lehnt, kann der Blick erst über eine weite Ebene das Meer erreichen. Auf dieser stechen aber rothbraune, eckige Felder grell und unvermittelt gegen gelbe und grüne ab. Die rothbraunen Felder sind mit Rosen bedeckt; doch das bringt keine Harmonie in die Farben. Auch danken diese Felder thatsächlich ihre Färbung nicht der Pracht der Blüthen, sondern den jungen Trieben, die ihr zartes Grün vor der Gluth der südlichen Sonne durch rothen Farbstoff schützen. In früheren Zeiten mag der Blick auf diese Ebene lieblicher gewesen sein; vermochte sie doch das Auge Horace Benedict de Saussure's zu entzücken, als er 1787 nach Hyères kam. Dieser hervorragende Geologe, Vater des noch berühmteren Pflanzenphysiologen Théodore de Saussure, langte hier an einem schönen Aprilabend an und war von der Lage des Ortes gefesselt. Von den Fenstern der »Auberge du St. Esprit« blickte er hinab auf Orangengärten, deren Bäume mit Früchten und Blüthen beladen und durch unzählige Nachtigallen belebt waren. Sanft fiel, so schrieb er, das Land bis zum Meer ab, und den Abhang schmückten vorne Gärten, weiterhin Olivenhaine und in der Ferne Pappeln. Bewaldete Höhen bildeten den Rahmen zu dem schönen Bilde.

Hyères ist fünf Kilometer vom Strande entfernt. An diesem selbst lag einst Olbia, das Hyères den Ursprung gab. Von Massiliern gegründet, ward Olbia von Saracenen zerstört und baute sich dann, entfernter vom Meere, an der Anhöhe auf, um den Angriffen der Corsaren nicht so unmittelbar ausgesetzt zu sein. Der Strand, der einst Olbia trug, zeigt sich jetzt in Quadrate, wie ein Schachbrett getheilt. Das Seewasser füllt diese Quadrate. Es wird in dieselben geleitet, um zur heißen Sommerzeit dort zu verdunsten und so der Salzgewinnung zu dienen. Dem Strand gegenüber tauchen aus dem Meere die Hyèrischen Inseln empor. Sie strecken sich so lang dahin, als hätten sie sich in die See zu ewigem Schlaf gelegt. Einst haben die Ligurer an diesen Inseln die rothen Korallen gefischt, mit denen sie den Hals ihrer Frauen und das Wehrgehänge ihrer Schwerter schmückten. Weil die Inseln in einer Reihe angeordnet sind, hießen sie bei den Römern Stoechaden. Diesen Namen vertauschten sie im Mittelalter gegen den weit vornehmeren der goldenen Inseln. Waren es die goldenen Äpfel der Hesperiden, welche ihnen die Benennung »*Iles d'or*« verschafften, oder der goldige Schimmer ihres glimmerreichen Bodens – das läßt sich heute nicht sagen. Zum Marquisat der *Iles d'or* von Franz I. erhoben, sahen sie einst glänzende Zeiten. Heute werden sie nur von ärmlichen Fischern und Gärtnern bewohnt.

Jene Früchte, nach welchen die goldenen Inseln ihren Namen führen sollen, sind jetzt hier fast völlig verschwunden. Einst aber stand die Orangenzucht von Hyères in hoher Blüthe. Mehr denn zweimalhunderttausend Orangenbäume deckten das Land und konnten die Bewunderung der Reisenden erwecken. Wie die Chronisten erzählen, blieb Carl IX. von Frankreich staunend vor dem mächtigsten dieser Bäume stehen und forderte seine beiden Begleiter, den König von Navarra und den Herzog von Anjou auf, mit ihm den Stamm zu umfassen. Doch hierzu reichten, so wird weiter berichtet, die sechs fürstlichen Arme nicht aus. Zur Erinnerung an diese erlauchte Umarmung schnitt man in die Rinde des Baumes: »*Caroli regis amplexu glorior*«, und jene Inschrift wuchs und vergrößerte sich mit den Jahren. – Liegt dieser Angabe eine wirkliche Begebenheit zu Grunde? Wer kann das heute wissen! Sicher aber ist, daß die provençalische Phantasie der Chronisten sie die Maße des Stammes übertreiben ließ. Die stärksten Orangenbäume, welche Europa jetzt kennt, befinden sich auf Sardinien; manche derselben werden auf mehr denn siebenhundert Jahre geschätzt; ein einzelner Mann vermag sie alsdann nicht mehr zu umspannen. Im Jahre 1564, da Carl IX. in Hyères weilte, konnte er dort schwerlich selbst so starke Stämme sehen, da die Orangenbäume erst durch die Kreuzfahrer, gegen Ende des elften Jahrhunderts, nach Hyères gebracht wurden. Zunächst muß es der bitterfrüchtige Orangenbaum gewesen sein, der zwar kaum eßbare Früchte, aber sehr wohlriechende Essenzen liefert. Daher der Dichter Malherbe sich in Hyères mit jenem »*huile de fleurs d'orange*« versorgen konnte, »das sich die Frauen in die Haare einreiben und mit dem sie dort den Puder festhalten.« Die Orangenkultur von Hyères litt sehr stark durch die strenge Kälte des Winters 1709 und durch ähnliche harte Winter, die um die Mitte des vorigen Jahrhunderts aufeinander folgten. Die Pflanzungen wurden von nun an eingeschränkt, die bitterfrüchtigen Orangenbäume dann durch süßfrüchtige ersetzt, da der Transport der Orangen von Hyères aus nach dem Norden sich rascher vollziehen ließ, als von südlicher gelegenen Orten. Das kam bei den mangelhaften Verkehrsmitteln jener Zeit wohl in Betracht. Die Orangen mußten damals in Hyères im Herbst gepflückt werden, sobald an ihrer noch grünen Schale sich die ersten gelben Punkte zeigten. Sorglich in Papier gewickelt, traten sie die Reise auf dem Landwege oder dem Seewege an. Sie reiften unterwegs langsam nach und wurden erst nach vierzig Tagen genießbar. Jetzt sind die Orangenbäume fast vollständig aus Hyères verschwunden. Sie konnten den Mitbewerb geschützterer Orte der Riviera, vor Allem aber von Sicilien und Algier, nicht ertragen. Es erging Hyères mit den Orangenbäumen nicht anders, als zuvor mit dem Zuckerrohr, das im fünfzehnten Jahrhundert weite Strecken des Landes deckte, dann aber verschwand, als der indische und der brasilianische Zucker in den Wettstreit eintraten.

Mit berechtigtem Stolz kann sich hingegen Hyères noch immer *Hyères-les-Palmiers* nennen! Zwar sind die Palmen heute über die ganze Riviera verbreitet, doch sieht man es den hohen Stämmen von Hyères wohl an, daß in diesem alten Kurorte ihre sorgsame Pflege besonders weit zurückreicht. Da streben in der *Avenue des Palmiers* die schlanken Stämme besonders mächtig zu beiden Seiten der Straße empor, gleich einer hehren Säulenhalle, und wiegen ihre stolzen Kronen hoch oben in der blauen Luft. – Doch hat sich Hyères schon seit langer Zeit auch einer zwar weniger vornehmen, aber einträglicheren Cultur zugewandt. Wir fanden dort Mitte März ganze Felder von Veilchen in Blüthe. Das waren auch freilich nicht die bescheidenen, kleinblüthigen, die bei uns ihre Kronen zwischen den Blättern verbergen, sondern eine großblüthige Form, das Veilchen *le Czar*, das an langen Stielen seine Blüthen keck über die Blätter erhebt. Es duftet sehr stark, und gerne ließen wir uns von den Lüften anwehen, die über Veilchenfelder gestreift waren. Andere Felder sind mit »*Primeurs*« bedeckt. Die Artischocken von Hyères standen schon zu Anfang dieses Jahrhunderts in hohem Ruf; jetzt sind es auch die grünen Erbsen und vor Allem die Erdbeeren, mit welchen Paris von hier aus versorgt wird. Täglich geht ein ganzer Eisenbahnzug solcher Erzeugnisse von Hyères ab und wird scherzhaft als »*Train de primeurs*« bezeichnet. Doch soll man sich nicht etwa denken, daß unter dem Himmel von Hyères alle diese Culturen mühelos gedeihen. Auch hier verlangen sie viel Umsicht und angestrengten Fleiß. Den Furchen der Felder folgen niedrige Hecken, die deutlich anzeigen, von welcher Seite Gefahr droht. Denn, trotz gegentheiliger Versicherungen, ist Hyères nicht völlig vor dem Mistral gedeckt, und mit elementarer Gewalt stürzt er durch die Lücke ein, welche die Berge nach Toulon hin offen lassen. Anhaltende Dürre ist auch eine schwere Plage, welcher durch künstliche Bewässerung nicht immer abgeholfen werden kann. – Immerhin besteht ein großer klimatischer Unterschied zwischen Hyères und der übrigen Provence, ja selbst dem nahen Toulon, weil diese dem Mistral weit stärker ausgesetzt sind. Daher der Reisende, der von Westen kommend, hier in früheren Zeiten zum ersten Mal Palmen und goldfrüchtige Orangenbäume sah, sich an die Pforten des Paradieses versetzt wähnte. Alte Reisewerke sind voll des Lobes von Hyères. So das Werk von Aubin-Louis Millin, »*Conservateur des médailles, des pierres gravées et des antiques de la Bibliothèque impériale*«, der im Auftrage des Ministers Chastal 1804 Südfrankreich bereiste. »Ich besuchte heute«, schreibt Millin, »den Garten des Herrn Fille. Tausende von Blumen umgeben dessen Haus. Tuberosen (*Polyanthes tuberosa*), Cassie (*Mimosa Farnesiana*), und Jasmin (*Jasminum sambac*) würzen die Luft mit himmlischen Düften. Was Sänger und Poeten einst gepriesen, jene Gärten der Alcine und Armide, welche der fruchtbare Genius des Ariost und des Tasso schuf, so glänzend sie auch unserer Einbildungskraft vorgeführt werden, sie treten zurück vor dem Garten, den wir hier vor den Augen haben. Man glaubt nicht mehr auf Erden zu wandeln, vielmehr in jene Laubgänge versetzt zu sein, in welchen die Seelen der Gerechten ein ewiges Glück genießen. Die Bäume stehen so dicht an einander, daß man nur auf künstlich angebrachten Pfaden zwischen denselben durchdringen kann. Achtzehntausend Orangenbäume, beladen mit Blüthen und Früchten, bergen in ihrem Laube unzählige Nachtigallen, und Nachtigallengesang erschallt wie ein Hymnus an die Natur, um ihre Güte zu preisen, ihr für einen so freudigen und dufigen Schatten zu danken. Andere Vogelstimmen greifen in dieses glänzende Concert ein, während die fleißigen Bienen summend die Blüthen umschwärmen, um reiche Nahrung zu schöpfen aus so verschwenderischer Fülle.«

Ein ähnliches Gefühl des sinnlichen Behagens, welches ein milderes Klima erweckt, mag es auch gewesen sein, das einst die Massilier bestimmte, ihre Niederlassung an diesem Strande »Olbia«, die Glückliche, zu nennen.

Mit Vorliebe schweiften wir an sonnigen Nachmittagen auf den Maurettes umher, jenen Höhenzügen, an welche Hyères sich anlehnt. Wir suchten uns dort solche Orte aus, von welchen die alte Burg von Hyères sich in schöner Umrahmung zeigte. Ein Stück blaues Meer bildete den Hintergrund, während grüne Hügel die scheckige Ebene deckten. Da lagerten wir uns auf Rosmarin, Myrten und Lavendel und vergaßen der fliehenden Stunden. Wir suchten im Geiste jene Trümmer zu beleben, die so mächtig drüben auf den Felsen thronen. Auch heute noch werden diese Trümmer von Wachtthürmen und Mauern beschützt, die in bewegtem Umriß allen Vertiefungen des Berges folgen. – In dem »Chastel d'Yères« herrschten seit dem zwölften Jahrhundert die Herren de Foz, eine Nebenlinie der Vicomtes de Marseille. Manchen blutigen Strauß mußten sie pflücken, um ihre Burg zu behaupten und oft rauchte aus den Wachtthürmen angesichts der Feinde die Lunte der Arkebusen. In friedlichen Zeiten, da füllten hingegen dieses Chastel die Gesänge des Troubadours, und es erklang in ihnen die sechsseitige Viola. War doch Mabille de Foz Präsidentin des Minnehofs von Pierrefeu, jenes Minnehofes, der mit Romani, Avignon und Signe, die vier vornehmsten »*cours d'amour*« der Provençe bildete! – Im Juni 1254 gab es hohen Besuch auf der Burg; da kam Ludwig der Heilige, den aus Palästina der Tod seiner Mutter nach Frankreich zurückgerufen hatte. Einige Jahrhunderte später wurde hier oben auch Franz I. empfangen, während Ludwig XIII. nur noch die Ruinen der Veste sah: Heinrich IV. hatte deren Zerstörung beschlossen. Heute ist das alte Gemäuer in üppiges Grün gehüllt, und bunte Frühlingsblumen erklimmen selbst die Zinnen der Thürme. – Scharf hebt sich der dunkle Berg vom hellen Abendhimmel ab, wenn die provençalische Sonne sich hinter seinen Trümmern zur Ruhe senkt. Dann tränkt sie mit ihrem Glanze das Land und das Meer, umstrahlt die dunklen Felsen und bildet um die Burg einen goldenen Glorienschein. – Geisterhaft aber mutheten uns die Trümmer zur Nachtzeit an, da zur späten Abendstunde der Vollmond uns in die Berge gelockt hatte. Tief drang sein Silberschein in die Fugen und Spalten des zerklüfteten Gesteins und warf unheimliche Lichter in die Ruinen. Da belebten sich die alten Mauern und Thürme, nahmen menschliche Form an, schienen ihre Glieder zu bewegen und stierten mit unheimlichen Augen in die Ferne. Plötzlich war dann Alles wieder todt; eine dunkle Wolke breitete ihre Schatten über den Berg aus. Doch als der Mond wieder vortrat, da war es, als hätten die Thürme in der Runde sich die Arme gereicht, und als führten sie um die Trümmer einen infernalen Reigen aus. Da ging es bergauf, bergab über die steilen Felsen und stöhnte und pfiff es dabei durch die Luft in unheildrohender Begleitung. Für Augenblicke leuchtete die Burg so auf, als stünde sie in Flammen, dann wieder versank sie in das Dunkel der Nacht. Mit Wirbelwind und Sturm, mit Blitz und Donner zog ein Gewitter von Westen heran: das mochte uns diese phantastischen Bilder vorgezaubert haben. Rasch breitete sich Finsterniß über das Land aus, nur das Meer dort hinten war noch in Silberglanz getaucht. Ein greller Lichtstrahl durchzuckte die Luft, ihm folgte ein betäubender Schlag, der die Grundvesten der Erde zu erschüttern schien. Wie geblendet standen wir da, während das Rollen des Donners sich entfernte. Dumpf tönte es noch fort in den nahen Bergen, prallte dort mit immer schwächerem Echo von den Felsen ab, kam dann wieder näher, um endlich in der Ferne zu verhallen. Hatte dieser grelle Blitz nicht die Burg getroffen, nicht jene schlanke Cypresse zertrümmert, die so stolz aus den Ruinen dem Himmel entgegenragte, als wolle sie ihm trotzen? – Doch dicke Regentropfen begannen zu fallen; es war hohe Zeit, den Rückzug anzutreten.

II.

Jenes Gebirge, das sich im Osten von Hyères erhebt, bildete im neunten und zehnten Jahrhundert ein Bollwerk der Mauren. Nach ihnen führt es mit Recht den Namen; von seinen Höhen aus beherrschten sie die weite Küste. In orographischer Beziehung bietet das Maurengebirge ein hohes Interesse. Es stellt ein in sich abgeschlossenes Gebirgssystem dar, dessen Granite, Gneiße und Schiefer von dem umgebenden Kalkgebirge durch tiefe Thäler getrennt sind. Wie etwa die Alpen oder die Pyrenäen, besitzt das Maurengebirge sein eigenes, wenn auch nur kleines Flußsystem, seine eigenen Schluchten und Thäler. Es ist von der übrigen Provençe so geschieden, daß es auch, ferne von derselben, eine eigene Insel im Meere bilden könnte. Seit Kurzem folgt eine Eisenbahn (*Chemin de fer du Sud de la France*) der Küste, an dem Gebirge entlang. Diese Bahn mündet in St. Raphaël und schließt dort an die große Linie an, die Marseille mit Genua verbindet. Von den Stationen der Südbahn aus dringt man leicht in das Gebirge ein, und solche Ausflüge waren es, die uns in Hyères festhielten. Wir wurden nicht müde, wiederholt dieselben Strecken der Küste mit der Eisenbahn zu befahren; denn der Weg ist anmuthig und führt entweder durch schönen Wald oder am Meeresstrande entlang, mit fortwährendem Wechsel der Bilder. Der Anblick der Berge selbst bietet hingegen geringe Mannigfaltigkeit, da alle Kuppen abgerundet sind, nur wenig in ihrer Höhe schwanken und vierhundert Meter nicht übersteigen. Und doch ladet der üppige Wald auch da zu immer neuen Ausflügen ein. Wer Korkeichen zuvor nicht sah, wird freilich zunächst über diese Wälder staunen. Er erkennt wohl die immergrüne Eiche, doch ihre geschälten Stämme und Aeste bieten einen ungewohnten Anblick. Die Krone der Korkeiche gleicht derjenigen immergrüner Eichen, auch die Blätter sind wie bei diesen lederartig und nur durch ihre eiförmige Gestalt und geringe Zähnelung ausgezeichnet. Befremdend ist aber die rothbraune Farbe der abgeschälten Theile, die fast blutroth erscheinen, dort, wo die Sonne sie trifft.

Die ganze Bevölkerung des Maurengebirges lebt von der Korkgewinnung. Steht auch der Kork, der an dieser Küste wächst, dem spanischen und algerischen an Güte nach, so bleibt er doch ein geschätzter Handelsartikel und bildet eine einträgliche Quelle des Erwerbes. Die Korkeiche muß, bevor sie geschält werden kann, eine bestimmte Dicke besitzen, die sie mit fünfzehn bis zwanzig Jahren erlangt. Der erste Kork ist rissig, spröde und wandert vorwiegend in die Gerbereien. Er wird, weil rauher und härter, als männlicher Kork bezeichnet. Dann erst bildet sich der glatte, weniger harte, brauchbare Kork, den man weiblichen nennt. Er wird alle acht bis sechzehn Jahre entfernt, je nach der Dicke, welche die Korkplatten erreichen sollen. Für gewöhnliche Stopfen reichen achtjährige Platten schon aus, während noble Champagnerpfropfen weit stärkere, bis 5 Centimeter dicke verlangen; die Schälungen werden so lange wiederholt, bis der Baum ein Alter von hundertundfünfzig, ja selbst zweihundert Jahren erreicht hat. Dann sinkt der

Werth seiner Produkte; es gilt, ihn durch jüngeren Nachwuchs zu ersetzen. – Hundertjährige Korkeichen sehen schon majestätisch aus und treten mit ihren mächtigen Kronen und knorrigen Stämmen eindrucksvoll aus der Umgebung hervor. Besonders gerne ruht auf ihnen das Auge, wenn sie am Bergesabhang stehen, oft malerisch um einzelne Felsblöcke gruppirt. Die Korkeiche wächst mit Vorliebe auf einem Boden, der aus verwittertem Granit und Schiefer entstand, während sie den Kalkstein meidet. Daher die Korkeichenwälder des Maurengebirges eine Culturinsel in der Provençe bilden, ähnlich wie das Gebirge selbst eine orographische Insel dort darstellt. In den umgebenden Kalkalpen wird man die Korkeiche nicht finden, nach ihr vergeblich in Mentone und in Nizza suchen, nur um Cannes trifft man sie noch stellenweise. Wie die Korkeichenwälder des Maurengebirges das Urgestein seiner Berge verrathen, so zeigen Kalkpflanzen den Kalk der angrenzenden Alpen an. Unter Umständen wird ganz vereinzelt eingestreutes Gestein in solcher Weise äußerlich durch den Pflanzenwuchs kenntlich. So fiel vor einigen Jahren dem Forstinspector de Saint-Venant in dem Walde von Orléans ein schmaler, kilometerlanger Streifen kalkholder Pflanzen auf, während die übrige Flora im Walde auf Kieselboden hinwies. Das regte ihn zu Ausgrabungen an, die in wechselnder Tiefe das Vorhandensein einer alten, mit Kalksteinen gepflasterten römischen Straße ergaben.

Die Korkeichen werden im Maurengebirge während des Sommers geschält. Es geschieht das sowohl an den Stämmen wie an dicken Aesten, doch hier wie dort gleichzeitig nur an einzelnen Theilen; denn es gilt als schädlich, den ganzen Baum auf einmal zu entblößen. Besonders eigenartig sehen die entblößten Theile gleich nach geschehener Schälung aus; sie zeigen die Farbe des menschlichen Körpers. Erst allmälig dunkeln sie nach. Zur Vornahme der Schälung, die als »*démaclage*« bezeichnet wird, führt der Arbeiter zunächst zwei Schnitte rings um den Baum durch die ganze Tiefe der Korkschicht aus und verbindet diese Kreisschnitte durch Längsschnitte, deren Zahl sich nach der Dicke des Baumes richtet. Diese Operation führt er mit einer Axt aus, die einen keilförmig zugeschärften Stiel besitzt. Mit letzterem fährt er dann von den Einschnitten aus unter die Korkschicht und hebt sie ab. Dann beschwert er die Korkplatten mit Steinen, damit sie ihre Rundung verlieren, hält sie auch wohl über Feuer und kohlt ihre Oberfläche ein wenig an. Unter allen Umständen müssen die Korkplatten trocken werden, bevor man sie versendet.

Der Kork ist das natürliche Schutzmittel der Pflanzen: sie schließen sich damit gegen die Umgebung ab. Die ältere Rinde aller unserer Sträucher und Bäume ist mit Kork bedeckt und dankt ihm ihre Färbung. Der Kork läßt Gase und Flüssigkeiten nicht durch, ist elastisch und sehr widerstandskräftig; das befähigt ihn nicht nur zu seiner Aufgabe an der lebenden Pflanze, sondern bedingt auch seine technische Brauchbarkeit. Wird eine Pflanze verletzt, so bildet sich Kork an der Wunde und schließt dieselbe ab: daher auch der neue Kork an der geschälten Korkeiche. Wie jedes andere Gewebe besteht der Kork aus Zellen. Ja, ein Korkstück war es, in welchem Robert Hooke im Jahre 1667 jene Kammern entdeckte, die er Zellen nannte, weil sie ihm den Zellen der Bienenwaben zu entsprechen schienen. Den Zellen eines fertigen Korkes fehlt freilich der lebendige Zellleib, jener Inhalt, der das Wesen einer Zelle ausmacht. Den büßt die Korkzelle bald nach ihrer Entstehung ein, um nur noch mit ihrer verkorkten Wandung als Schutzmittel der Pflanze zu dienen. Eine bestimmte lebendige Gewebeschicht innerhalb der Rinde, das sogenannte Korkcambium, bildet durch fortgesetzte Vermehrung ihrer Zellen den Kork. Jüngere Korkzellen folgen in geraden Reihen nach innen zu auf die älteren. Ihre Gestalt ist bei der Korkeiche annähernd würfelförmig: gegen Schluß jeder Vegetationsperiode flachen sie sich tafelförmig ab. Der »weibliche« Kork der Korkeiche zeichnet sich durch die Dünnwandigkeit seiner Zellen und große Gleichförmigkeit in seinem Bau aus; nur am Schluß jeder Vegetationszeit entstehen wenige Lagen stärker verdickter, abgeflachter Zellen. Diese letzteren sind es, welche die dunklen Streifen bilden, die man in jedem Flaschenstopfen erkennen kann. Da die dunkleren Lagen die Grenzen des jährlichen Zuwachses anzeigen, so kann man das Alter einer jeden Korkplatte an ihnen abzählen, ganz ebenso wie sich aus der Zahl der Jahresringe im Holz dessen Alter bestimmen läßt.

Ist eine Korkeiche geschält worden, so bildet sich ein neues Korkcambium unter den freigelegten Flächen und hebt mit neuer Korkbildung an. Freilich darf die Schälung nur den Kork entfernen, nicht den Bast oder gar den Holzkörper erreichen, weil das schwere Wunden gibt, die sich nur langsam schließen und lange die Korkproduction an der beschädigten Stelle beeinträchtigen. Ist ein Stamm niemals geschält worden, so zeigt er gleich anderen Eichenarten eine rissige Rinde, deren äußerste Schichten er nach und nach als Borke abwirft. Auch der am geschälten Baum erzeugte Kork darf nicht ein gewisses Alter übersteigen, da er sonst an der Außenseite rissig und unbrauchbar wird.

In den westlichen Theilen des Maurengebirges gibt es keinen schöneren Ort als Bormes, von Hyères aus mit der Bahn in einer Stunde zu erreichen. Man steigt dort vom Strande aus zum Hügel empor, an den das kleine Städtchen amphitheatralisch sich lehnt. Seine Häuser sind in verschiedener Höhe verstreut, hier einzeln, dort in Gruppen, als hätten sie um die Wette den Berg zu erklimmen versucht. Den Ort beherrscht eine alte Burg, deren graue Ruinen sich eindrucksvoll abheben von dem dunklen Grün des hinterliegenden Waldes. Der Abhang ist mit aromatischen Kräutern bewachsen, und jeder Schritt befreit aus ihnen duftende Oele. Ganze Flächen werden violett gefärbt durch die wilde Lavendel (*Lavandula Stoechas*). Sie tritt hier so massenhaft auf, daß ein benachbarter Ort den Namen Lavandou nach ihr führt. – Wir steigen weiter hinauf in den Wald, in Korkeichen, Kiefern und immergrüne Sträucher. Auch da steht jetzt Alles in Blüthe. Die Luft ist erfüllt mit Wohlgerüchen, und den Kiefern, die man berührt, werden dichte Wolken von Blüthenstaub entlockt. – Immer großartiger entfaltet sich die Aussicht auf die dunklen Ruinen, das hellglänzende Städtchen und das blaue Meer, in das eine Landzunge sich weit vor uns fortsetzt; gegen Osten blicken wir in die Rhede von Bormes hinein; gegen Westen zeigt sich die Rhede von Hyères, und über eine schmale Halbinsel hinweg erreicht das Auge auch den Golf von Giens. In glänzender Färbung leuchten uns diese Buchten entgegen. Die östliche Bucht tönt sich jetzt ab in hellem Blau, die Rhede von Hyères scheint von flüssigem Silber zu sein, während die Fluthen des Golfs von Giens den rothen Abendhimmel widerspiegeln. Wir sättigen uns an dieser Farbenpracht und lassen das geblendete Auge dann auf dem dunklen Grün der fernen Wälder ruhen. Sanft breitet der purpurne Schein sich aus über das ganze Meer, und in dem Glanz der Abendsonne schimmern jetzt die goldenen Inseln von Hyères wirklich so, als wären sie von Gold.

In Bormes sind vor den Häusern große Mengen von Kork aufgeschichtet. Wir treten in ein Haus ein, in dem Kork geschnitten wird, und sehen uns, freundlich empfangen, die Arbeit an. Der Mann macht Stopfen mit Hülfe einer Drehbank. Er fügt eckige Korkstücke in dieselbe ein, versetzt sie in Drehung und rückt eine Art Hobel heran, der das Korkstück schneidet. Große Uebung verlangt das sichere und rasche Einfügen der Korkstücke in die Drehbank, so daß sie gleich richtig centrirt sind. Ist der Arbeiter geschickt, so macht er Hunderte von Stopfen in der Stunde, während er es früher beim Schneiden aus freier Hand kaum auf tausend Stück im ganzen Tag bringen konnte. Die Korkplatten müssen mit Wasser gebrüht werden, ehe man sie in die eckigen Stücke zerlegt. Sie schwellen dabei nicht unwesentlich an. Die Längsachse der Stopfen entspricht der Längsrichtung der Platten; man muß sich somit die Stopfen in der Rinde des Baumes aufrecht stehend denken.

Die Abfälle beim Schneiden der Stopfen sind durchaus nicht werthlos. Sie können zum Polstern dienen und werden auch wohl verkohlt, um eine schwarze Farbe, das *nigrum hispanicum*, oder um Zahnpulver zu liefern. Gepulverter Kork, mit verdicktem Leinöl angerührt und auf wasserdichtes Segeltuch aufgetragen, gibt den als Linoleum bezeichneten Korkteppich, mit dem man die Fußböden deckt.

Die allgemeine Verwendung des Korkes für Flaschenverschluß greift nicht weiter als in das siebzehnte Jahrhundert zurück. Sie fällt zusammen mit der Verbreitung unserer enghalsigen Glasflaschen, die man kaum vor dem fünfzehnten Jahrhundert herzustellen begann. Im Mittelalter wurden kleine Gefäße aus Holz, Thon oder Metall verfertigt und mit Zapfen von gleichem

Stoff verschlossen oder auch nur mit Wachs verklebt. Die Fässer verspundete man mit Holzpflöcken. Die Alten benützten zum Verschluß ihrer Amphoren sowohl Holz- als auch Korkstopfen, die sie mit einem Kitt aus Harz, Kreide und Oel oder auch mit Pech umgaben. Häufiger noch wurde die Oeffnung dieser Gefäße nur mit Gyps, mit Harz, Pech oder Wachs zugeschmiert. Auf den Wein gossen sie Oel, so wie das heute noch in Italien geschieht, und suchten ihn so vor Luftzutritt zu schützen. Nach Plinius dienten den Römern Korkstücke auch schon als Schwimmer an den Fischnetzen und als Bojen an den Ankern; nicht minder wurden die Schuhsohlen für Frauen aus diesem Stoffe bereits hergestellt.

III.

Tief in das Maurengebirge schneidet der Golf von St. Tropez, der Sinus Sambracitanus der Alten, ein. An seinem Ufer sieht man schon aus der Ferne die Häuser von St. Tropez in bunten Farben schimmern. Von dort aus erscheint die Meeresbucht wie ein geschlossener See. Ihre azurnen Fluthen haben die Klarheit und den Schmelz eines dunklen Saphirs. Man blickt über dieselbe ins Maurengebirge hinein. Scharf stechen seine Höhen vom nördlichen Himmel ab. Im Osten wird das Bild in duftiger Ferne durch die zackigen Gipfel des Esterels begrenzt. Ueber diesen, hoch in den Wolken, glänzt der Schnee der Alpen. Hier an dem blauen Golf hat einst die Heraclea Cacabaria gestanden. Ein Herculestempel, so heißt es, gab der Stadt den Namen. Das Land war von Camatullikern bewohnt. – Dann schildert die Sage, wie im Jahre 66 n. Chr. an jenen Strand der Körper des heiligen Tropez gelangte. Dieser hatte unter Nero hohe Würden bekleidet; sein Vetter, Salvius Otho, wurde im Jahre 69 n. Chr. zum Kaiser proclamirt. Er selbst legte alle seine Aemter nieder, nachdem ihn der Apostel Paulus zum Christenthum bekehrt hatte, und zog sich nach Pisa zurück. Dort ließ eines Tages Nero unter einer ehernen Himmelsdecke mit großem theatralischem Pomp Diana und Apollo anbeten. St. Tropez weigerte sich dessen, er wurde ergriffen, auf Befehl von Nero gemartert, enthauptet und sein Körper dann auf einem schlechten Nachen in das Meer gestoßen. Ein Hund und ein Hahn, die man zugleich in den Nachen setzte, sollten sich an dem Körper weiden. Doch weder der Hund noch der Hahn berührten den Heiligen, sie stellten sich als Wächter an dessen Körper auf. Ein Engel ließ sich am Steuer nieder und führte den Nachen sicher durch die Fluth bis nach Heraclea. Durch das Krähen des Hahnes gerufen, sammelten sich dort die Christen am Strande und nahmen den Körper des Heiligen mit hohen Ehren auf.

Im neunten Jahrhundert wurde das alte Heraclea von den Saracenen zerstört, und nur antike Mauern und Gräber zeigen den Ort noch an, auf dem es einst gestanden. Das heutige St. Tropez reicht nicht weiter als bis in das fünfzehnte Jahrhundert zurück. Es verdankte sein Aufblühen genuesischen Familien, die sich hier niederließen. Zahlreiche Wachtthürme um die Stadt, sowie die Festungswerke über derselben zeigen an, daß St. Tropez sich oft noch gegen Seeräuber und andere Feinde zu vertheidigen hatte. Heute wird es nur noch durch Zollwächter geschützt, die von den Höhen aus den Strand überwachen. So verändern sich die Zeiten; früher mußte der Ort die Corsaren abwehren, die ihn berauben wollten, heute sich gegen die Schmuggler schützen, die ihn gern versorgen möchten.

St. Tropez ist ein Hauptort des Korkhandels geworden; zahlreiche Schiffe werden mit dieser Waare beladen, die aus allen Theilen des Maurengebirges hier zusammenströmt.

Zum klimatischen Kurort dürfte St. Tropez wohl schwerlich jemals erhoben werden, denn es ist zu sehr den Winden ausgesetzt. Gegen das offene Meer deckt das vorspringende Cap den Hafen, doch der Mistral und der Ostwind treiben die Fluthen des Golfes in denselben hinein. Daß bei heftigem Sturm die Wellen bis auf den Uferdamm vordringen, das zeigt der eigenartige Bau mancher dort stehender Häuser an. Sie sind unten ohne Fenster, nur mit kleinen, dicht schließenden Thüren versehen, zugleich ausgehöhlt, so wie der Fuß eines Leuchtthurmes, der dem Meere trotzt. – Von den Winden abgesehen, besitzt das meerumspülte Vorgebirge ein sehr mildes Klima. Der bekannte Geologe Elie de Baumont hat dieses Stück Land als die Provençe der Provençe bezeichnet. Seine Vegetation ist üppig. Kiefern und immergrüne Eichen decken die Höhen; die Abhänge werden von mächtigen Kastanienbäumen beschattet, deren Früchte in ganz Frankreich als »*Marrons de Lyon*« beliebt sind. Hier und dort streckt auch eine Palme ihr schlankes Haupt über eine Mauer hervor; doch man sieht es ihr an, daß sie oft vom Winde gepeitscht wird. Den Ufern der Bäche folgen Oleandersträucher und Vitexbüsche. Mit den schönen Blüthen des Oleanders schmückten sich und schmücken sich heute noch in Griechenland auf dem Lande die Frauen, auch benutzt man bei uns Oleanderblätter zur Verzierung der Speisen, während thatsächlich der Milchsaft dieser Pflanze ziemlich giftig ist. Von dem schmalblätterigen Vitexstrauch hieß es einst, daß er die Sinnlichkeit unterdrücke, daher erhielt er seinen keuschen Namen: *Vitex agnus castus*. Die atheniensischen Frauen bestreuten mit Vitexblättern ihre Ruhelager zur Zeit der Thesmophorien, jenen mysteriösen Festen zu Ehren der Göttin Demeter, von denen alle Männer ausgeschlossen waren. Heute scheint der *Vitex agnus castus* seine früheren Kräfte eingebüßt zu haben; nur seine scharf gewürzhaften Steinfrüchte gebraucht man im Süden noch häufig als Pfeffer. Der Oleander hat sich sogar einem noch weniger poetischen Verlangen anbequemen müssen, denn die Landleute um Nizza benützen seine gepulverte Rinde, um Ratten und Mäuse zu vertreiben.

Im Hôtel Continental zu St. Tropez wird noch nach alter Art gelebt. Guter Tischwein steht zu gemeinsamer Benutzung auf der Tafel. Man fragt den Nachbar erst, ob er zu trinken wünscht, bevor man sich selbst einschenkt. Das Dienstpersonal wird in einige Verwirrung versetzt, wenn man nach der Weinkarte verlangt. – Da figurirten als Vorspeisen bei der Mahlzeit außer Salami, Oliven, Sardinen und anderen allgemein europäisch gewordenen Dingen, auch Seeigel, ein Leckerbissen, den ich bisher an keiner regelrechten »*table d'hôte*« gesehen hatte, und den ich auch gerne Anderen überlasse; er dient mir nur als Beweis, daß der Mensch das ärgste aller Raubthiere ist. Da werden Tausende weiblicher Seeigel gefangen, aufgebrochen und im Grunde genommen vergeudet: man wirft den ganzen Körper fort und verzehrt nur das Bißchen Eierstöcke. Dabei wird eine ungezählte Brut zerstört. Diesen orangerothen, faden Schleimmassen konnten wir keinen Geschmack abgewinnen; doch darüber läßt sich ja streiten. – In wahres Entzücken wurden unsere Tischgenossen stets versetzt durch »*Bouillabaise*«. – Nach dieser Speise sehnt sich stets der Provençale, auch wenn er einen anderen Theil von Frankreich bewohnt. – Die Wirthin suchte es ihren Gästen an den Augen abzusehen, ob ihnen die *Bouillabaise* schmecke; kann diese doch allein das Renommée eines Hauses begründen. Wie sie uns servirt wurde, bestand sie aus Langusten und Seefischen. Die Wirthin machte aus deren Zubereitung auch kein Geheimniß. Sie habe, sagte sie, zunächst etwas Knoblauch, Lorbeerblätter und weißen Pfeffer in Olivenöl in einer Casserolle geröstet, dann ein Glas Weißwein darauf gegossen, die Langusten, Fische und soviel Wasser, daß sie bedeckt waren, dazu gethan, Alles mit Salz und Pfeffer weiter gewürzt, hierauf zwanzig Minuten lang kochen lassen und mit einer Messerspitze Safran den Schluß gemacht. Ihre *Bouillabaise* war dann fertig. Die Langusten und Fische kamen in eine tiefe Terrine und wurden mit der Brühe, in welcher auch Weißbrodschnitte geweicht hatten, übergossen. – Die *Bouillabaise* fand ungetheilten Beifall. Die Wirthin meinte, für Franzosen allein lohne es sich zu kochen, während Ausländer mit demselben Gleichmuth gute und schlechte Speisen verschlängen: Das sei für eine sorgsame Wirthin entmuthigend. Darauf mein Tischnachbar in längerer Rede entwickelte, daß er nicht einsehen könne, weswegen man ein Sinnesorgan gegen die anderen zurücksetzen solle. Man könne eine dumme Zunge haben, ebenso wie ein dummes Auge oder ein dummes Ohr. Ein Mensch, der Karpfen von Steinbutte nicht zu unterscheiden wisse, flöße ihm nicht mehr Ehrfurcht, als ein solcher ein, der Van Dyck mit Raphael oder Gounod mit Wagner verwechsle.

War das Essen auch gut, der übrige Comfort des Hauses ließ doch etwas zu wünschen übrig, so daß wir, trotz solcher culinarischer Genüsse, uns zeitweise nach einem anderen Unterkommen sehnten.

Eine Straßenbahn verbindet jetzt St. Tropez mit La Foux, einer Station der südfranzösischen Bahn. Der Weg führt an dem Schlosse von Bertaud und vor dessen Thoren an einer mächtigen Pinie vorbei, deren Stamm wohl sechs Meter im Umfang mißt. Es dürfte eine der größten Pinien sein, die jetzt existiren, und wohl mancher Saracene hat schon in ihrem Schatten gelagert. Der Baum steht mitten auf der Straße, der »*route nationale*«, und es ist zu loben, daß ihn die Ingenieure schonten. Die Straßenbahn setzt sich über La Foux nördlich bis Cogolin fort, und von da aus kann man auf der Chaussee La Garde Freinet erreichen. Dort hatten einst schon die Römer einen Militärposten errichtet, der die Verbindung zwischen dem Sinus Sambracitanus und der etwas nördlicher durchs Gebirge ziehenden Via Aureliana überwachen sollte. Der Ort liegt in einem Engpaß zwischen zwei Bergen, und dort setzten sich auch die Mauren im Jahre 850 fest, nachdem sie St. Tropez zerstört hatten. Sie sicherten sich so den Zugang zum Meere und beherrschten zugleich das Gebirge. Die Festung, die sie erbauten, wurde Fraxinetum genannt, und dieser Name dann auf alle ähnlichen maurischen Festungen übertragen. Hier häuften sie die geraubten Schätze an, um sie später übers Meer nach Afrika zu schaffen. Wilhelm I., Graf von Arles, unterstützt von zwei provençalischen Edelleuten, Bavon und Grimaldi, stürmte und eroberte im Jahre 973 die Veste. Alle Mauren, die dem Schwert entgingen, wurden nebst Weibern und Kindern zu Sclaven gemacht. Die Veste schwand von der Erde, und nur einige Mauerreste, die Epheu heute deckt, sowie eine tiefe, in Fels gehauene Cisterne, zeugen dafür, daß sie einst gewesen.

Als Preis der Tapferkeit und Lohn für die erwiesenen Dienste erhielt Grimaldi von Wilhelm I. das ganze Land, welches die Mauren am Sinus Sambracitanus besaßen. Da ragen denn noch heute, als Wahrzeichen aus jener Zeit, auf dem Berge, der die Thalmündung beherrscht, die Trümmer der Burg Grimaud in den Himmel. Zwei Thürme auf steilem Abhang, durch Mauerreste verbunden, scheinen über dem Abgrunde zu schweben, die übrige Burg ist zerstört; doch unter ihr, wenn auch ihres Schutzes beraubt, in üppiges Grün gehüllt, klammert sich der kleine Ort Grimaud noch immer an den Felsen.

Von La Foux aus östlich folgt die Südbahn weiter allen Ausbuchtungen der Küste. Jetzt eilt sie dem Meere zu, und St. Tropez am jenseitigen Ufer scheint immer näher zu rücken; dann wendet sie sich landwärts, und das Esterel taucht plötzlich am Horizonte auf. Das Maurengebirge rückt dicht ans Meer heran, der Wald erreicht die Küste. Immer schwelgerischer entwickelt sich hier seine Pracht. Aus den immergrünen Eichen und Seestrandkiefern leuchtet die baumartige Erica mit ihren weißen Blüthenmassen hervor. Ueberall sieht man den Erdbeerbaum seine lorbeerartigen Blätter ausbreiten. Dunkler Epheu rankt an den Stämmen in die Höhe, und üppige Waldreben verbinden die Baumkronen durch helle Laubguirlanden. Dieses herrliche Bild verlockt uns, die Fahrt zu unterbrechen; wir steigen in La Gaillarde aus und setzen unseren Weg zu Fuß fort. Wir folgen dem Ufer. Die Strandkiefer taucht ihre Wurzeln fast in die Wellen; oft neigt sie sich über die Fluth, als wollte sie ihr Bild in der spiegelnden Fläche betrachten. Das Land wird hier geschmückt von der See mit einem Saum silberschäumender Wogen, dafür flicht ihr das Land einen Kranz aus immergrünem Walde. Zerrissene Felsen springen am Strande vor und verlieren sich weit in den Fluthen. Das Esterel ist uns ganz nahe gerückt. Es zeigt denselben reich bewegten Umriß, dem wir so gerne von Antibes aus folgten. Dieser Gebirgszug ist so schmal, daß die nämlichen Höhen von Osten wie von Westen das Bild bestimmen. In Antibes sieht man am Abend die Sonne hinter dem Esterel verschwinden; dann hüllen sich seine Gipfel in dunkelblaue Schatten und stechen mit scharfen Umrissen gegen den Abendhimmel ab. Hier sind sie jetzt mit Licht übergossen; die schwindende Sonne senkt ihre Strahlen in die Thäler hinein, sie gestaltet und modelt die einzelnen Berge, vergoldet die Gipfel, spart blaue Schlagschatten in den Tiefen aus, entzündet ganze Dörfer, wirft Irrlichter in die einzelnen Häuser hinein und taucht schließlich Alles in purpurne Gluth. – Hier bei St. Aigulf am Strande ließ sich Carolus Duran nieder, und der Ort ist wohl angethan, eines Malers Seele mit farbigem Glanz zu erfüllen! – Plötzlich öffnet sich vor uns das weite, von dem Fluß Argens in zahlreichen Windungen durchströmte Thal, durch welches das Maurengebirge von dem Esterel geschieden wird. Der Teich von Villepey und die Windungen des Flusses glänzen wie metallene Spiegel. In Fréjus ertönen die Abendglocken; vom jenseitigen Ufer des Golfs sendet uns der Leuchtthurm von St. Raphaël einen ersten noch blassen Strahl entgegen.

IV.

Wir wandern jetzt auf classischem Boden. Ist doch Fréjus das alte Forum Julii, dem Julius Caesar den Namen gab. Augustus vollendete den Hafen, der die Stelle von Lagunen einnahm, und gab dem Orte einen Pharus. Agrippa ließ einen Aquäduct und ein Amphitheater erbauen; siedelte hier auch Soldaten der achten Legion an, was zu der späteren Benennung Colonia Octavanorum führte. Die Stadt wuchs rasch in Größe und Bedeutung; sie maß fünftausend Schritte im Umfang. Der Hafen war so ausgedehnt, daß er im Jahre 31 v. Chr. die zweihundert Galeeren aufnehmen konnte, die Octavian in der Schlacht bei Actium Antonius abgenommen hatte. Was für ein farbenprächtiges Bild mag das gewesen sein, als die Flotte des Antonius diesen Hafen füllte, als mächtige römische Bauten sich in seinen Wellen spiegelten, und weithin sichtbar durch das Thal der Aquaeduct in kühnen Bögen den fernen Bergen zueilte. – Fréjus blieb unter den Kaisern die wichtigste Flottenstation an diesem Gestade, dann aber begannen traurige Zeiten. Der *Amnis argenteus*, der heutige Argens, füllte langsam den Hafen mit

Schlamm und Erde an. Im zehnten Jahrhundert konnten nur noch kleine Schiffe Zuflucht in demselben finden. Dann kamen die Saracenen und schleiften 940 die Befestigungen der Stadt. Im fünfzehnten Jahrhundert wurde Fréjus von Corsaren verbrannt, dann im sechzehnten Jahrhundert nochmals unter Carl V. geplündert. Der Hafen schwand allmälig, und an seiner Stelle bildeten sich weite Sümpfe aus, welche mit tödtlichen Miasmen die Gegend erfüllten. Ein Bild solchen Elends fand Aubin-Louis Millin im Beginn dieses Jahrhunderts hier vor. Die Straßen waren leer, die Häuser unbewohnt, die wenigen Menschen, die man sah, gingen mit blassen fahlen Gesichtern, hohlen Wangen, eingefallenen Augen umher. Man meinte, in einem großen Krankenhaus zu sein. »Wir nahmen Wohnung«, schreibt Millin, »in der besten Herberge: es war ein verpestetes und ekelerregendes Haus, in dem man den Aufenthalt als Strafe betrachten mußte. Schrecklicher Schmutz herrschte in ihm. In schlecht gespülten Gefäßen wurde uns fauliges Wasser dargereicht; ganze Schwärme von Fliegen belagerten die mit ranzigem Oel bereiteten Speisen. Den Sümpfen entstiegene Mücken und Schnacken peinigten uns mit ihren Stichen; des Nachts wurden wir von nicht minder zudringlichen, aber noch ekelhafteren Thieren aufgezehrt. Unser Blut war in fortwährender Wallung. Es können hier wirklich nur solche Menschen leben, die an derartige Plagen gewöhnt sind; uns erschienen sie als das größte Unheil, das einem menschlichen Wesen begegnen kann. Wir bedauerten, daß der Wissensdrang, der uns trieb, historisch berühmte Stätten aufzusuchen, uns an diesen elenden Ort geführt hatte, und wir wünschten denselben so bald als möglich verlassen zu können.« – Seitdem haben sich die Zustände in Fréjus gebessert. Abzugscanäle sind entstanden, welche die Umgegend entwässern und dadurch gesünder machen; der Ort selbst ist zwar auf ein Fünftel seiner früheren Größe zusammengeschmolzen, sieht aber ziemlich freundlich aus. Wer freilich tieferen Eindruck von den Ueberresten aus der classischen Zeit erwartet, der wird enttäuscht sein. Es blieb nur wenig davon zurück, zu wenig, um Achtung zu gebieten oder gar künstlerisch anzuregen. Nur die zerrissenen Bogen des Aquäducts draußen in den Feldern, mit ihrem Schmuck von kletternden Pflanzen, sind ästhetisch wirksam. Der Argens war so fleißig bei der Arbeit, daß heute eine weite sandige Fläche Fréjus vom Meere trennt; die Trümmer des alten römischen Leuchtthurms ragen jetzt anderthalb Kilometer vom Strande entfernt aus dem Boden hervor. So ist der alte Glanz von Fréjus für immer geschwunden, und was von demselben zurückblieb, vermag solchen Eindruck wie die Denkmäler von Nîmes und von Arles auf uns nicht zu machen. Doch erhebt uns auch hier das Gefühl, classischen Boden unter den Füßen zu haben. Wir schauen dann hinaus in das blaue Mittelmeer, an dessen Ufern jene mächtige Cultur erstarkte, welche die Welt erobert hat. Wir suchen das Band mit der Vergangenheit enger zu knüpfen und werden uns im Geiste wieder bewußt, daß jene allgemein menschlichen Gedanken und Gefühle, die hier zum ersten Mal zur bewußten

Empfindung und Gestaltung gelangten, auch heute noch unser Denken und Fühlen beherrschen.

Römische Villen füllten jenen Strand, an dem heut St. Raphaël sich erhebt. Die römischen Patricier bevorzugten überhaupt dieses schöne Land. Es war das ihre Provincia Romana par excellence, diejenige, die sie meinten, wenn sie kurzweg von Provincia sprachen, und sie behielt den Namen der Provence. Am Strande von St. Raphaël ließen sich nach den Römern die Tempelritter nieder und bauten jenen viereckigen Thurm, der auch heute noch die alte Kirche zu schützen scheint. Im Jahre 1799 landete hier Bonaparte, als er von Aegypten kam, und hier auch verließ er das Land, um 1814 nach Elba zu gehen. Es trifft somit nicht ganz zu, wenn behauptet wird, Alphonse Karr habe St. Raphaël entdeckt: richtig aber ist, daß er unter den französischen Schriftstellern der erste war, der sich hier niederließ, daß ihm bald andere Celebritäten der Litteratur und Kunst folgten, und daß der neue Aufschwung von St. Raphaël mit jener Zeit begann. Was aber alle jene Künstler und Schriftsteller hier suchten, das war der stille abgelegene Ort, an dem man Blumen, Sonne und Meer genießen kann, ohne von anderen Menschen gestört zu werden. Sie alle flohen den Lärm des großstädtischen Nizza und des übereleganten Cannes. »Wenn ich eine große Stadt lieben möchte,« pflegte Alphonse Karr zu sagen, »zöge ich zurück nach Paris.« Auch ist es im Sommer hier kühler als jenseits des Esterel, und der sandige Strand ladet dann zum erfrischenden Bade ein; daher sich St. Raphaël immer mehr zum sommerlichen Seebad entwickelt. Im Winter ist es zu sehr den Winden ausgesetzt. Das sollten auch wir noch erfahren. Schon am Abend bei unserer Ankunft begann sich Ostwind zu erheben, am nächsten Tage wehte er mit Macht und war von heftigem Regen begleitet. Gegen dieses Unwetter ließ sich im Freien nicht ankämpfen. Der Wind trieb die Regentropfen fast wagrecht durch die Luft. Das dauerte so zwei Tage. Starker Ostwind ist hier meist mit Regen gepaart, somit traurig. Ganz verschieden gebärdet sich sein Widersacher, der nördliche Mistral. Er ist trocken und daher weit heiterer. Er fegt den Himmel rein und pfeift bei Sonnenschein. Er bläst nicht in langen Zügen, sondern in abrupten Stößen, er klingt donnerartig und rüttelt an den Gebäuden. Der Ostwind hingegen bläst stärker oder schwächer, doch ohne Unterbrechung fort; seine Stimme ist mehr ein Klagen, so daß man bei Nacht langgedehnte Schluchzer zu hören meint. In der zweiten Nacht, die auf unsere Ankunft folgte, entlud sich ein polterndes Gewitter, das mit dumpfem Dröhnen die Thäler erfüllte und zuckende Flammen auf die Meeresfläche warf; als der Morgen aber kam, da strahlte die Sonne wieder hell in unser Zimmer hinein. Das Meer tobte weiter, und wir zogen hinaus, um seinen Anprall gegen die Felsen des Strandes zu sehen. – Zu den Wahrzeichen von St. Raphaël gehören seine beiden Löwen: »*le lion de terre*« und »*le lion de mer*«, zwei rothe Porphyrfelsen, die gleichsam Wache an dem Strande halten. Der Seelöwe hat sich weiter in das Wasser hinausgewagt, der Landlöwe dicht am Ufer gelagert. Sie lauern da wie apokalyptische Thiere und trotzen seit Ewigkeit der nagenden Kraft der Wellen. Jetzt stürmt das Meer mit Macht gegen diese Felsen an, wälzt seine Wogen über sie hinweg und wirft mit Getöse schäumenden Gischt hoch an ihnen empor. Ueber den Porphyrlöwen im blauen Himmelsraum, da wiegen sich aber die Möven. Wie gerne folgt ihnen das Auge, diesen muthigen Vögeln, wenn sie mit breitem und mächtigem Flügelschlag die Luft durchschneiden. Jetzt segeln sie gegen den Wind, jetzt wiegen sie sich an der Stelle, jetzt schießen sie herab in die Fluth, um ihre Beute zu fassen; mit ihr schwinden sie in der Ferne, oder sie lassen sich nieder auf der schaukelnden Welle, ein weißer Punkt mehr inmitten der weißen Kämme. Da hinten in der See taucht plötzlich eine Herde von Delphinen aus den Wellen hervor. Sie zeigen zuerst ihren Kopf, überschlagen sich fast in der Luft und schießen hinunter in die Tiefe. Sie bringen Humor in das großartige Schauspiel: sie sind die Clowns des Meeres.

Die Straße, die von St. Raphaël in östlicher Richtung dem Meeresstrande folgt, führt an Landhäusern vorüber, die manchen bekannten Namen tragen. Da ist die »*maison close*«, das geschlossene Haus, welches Alphonse Karr sich schuf, um der aufdringlichen Welt zu entgehen. Hier in »*Oustalet dou Capelan*« hat Charles Gounod sich abgesondert, und über der Eingangsthür liest man: »*L'illustre maître, Charles Gounod composa Roméo et Juliette à l'Oustalet dou Capelan, au printemps de 1866*«, und Jules Barbier, sein Librettist, der nebenan ein Landhaus besitzt, fügte darunter hinzu: *Hic Divum Romeo scripsit Gounod meus 1866. Ingenio haut amicitia impar.*« Gounod weilte mit Vorliebe in St. Raphaël; »ich finde hier,« meinte er oft, »den Golf von Neapel vor, mit der Campagna von Rom im Hintergrunde.«

Ist die Lage von St. Raphaël wirklich so schön, als es Gounod empfand? Ich kann das nicht behaupten, so wenig ich auch sonst diesem Ort den ihm zukommenden Reiz absprechen möchte. Mir fehlt hier der volle Blick auf das Esterel, und ich fühle mich nicht hinlänglich dafür entschädigt durch die Aussicht auf das Maurengebirge und jenes Thal des Argens, das Gounod mit der Campagna von Rom vergleicht. Lieber würde ich doch dem Beispiel von Carolus Duran folgen und mich dort drüben in St. Aigulf niederlassen, an dem waldigen Strande, von dem aus man am Abend das zackige Esterel in Purpur leuchten sieht.

V.

Hingegen bildet St. Raphaël einen vorzüglichen Standort für Ausflüge in das Esterel-Gebirge. Und dieses Gebirge ist sicher des Besuches werth; es gehört zu den Juwelen der Riviera: sein malerischer Reiz wird durch die Porphyre bedingt, die als nackte Felsenmassen dem Boden entsteigen. Um diese Porphyre und anderes eruptives Gestein sind Schiefer emporgerichtet.

Allseitig wird das Esterel durch tiefe Thäler von den Alpen und durch das Thal des Argens auch von dem Maurengebirge getrennt. Noch zu Anfang dieses Jahrhunderts wagte man sich nur mit Schrecken in das Esterel hinein, jetzt wandelt man in demselben sicherer als in den Anlagen mancher großen Stadt. – Unser erster Besuch sollte dem höchsten Punkt des Gebirges, dem Mont Vinaigre gelten, dessen Gipfel sich 616 Meter hoch über den Meeresspiegel erhebt. Wir hofften von dieser Höhe das ganze Esterel zu überblicken und wollten dort unseren Plan für weitere Ausflüge entwerfen. – Wir brachen von St. Raphaël auf, als der Morgen graute. Der Weg führte gegen Norden zunächst nach Valescure. Dort am Abhang der Berge, in dem kühlen Walde, pflegten schon römische Familien den Sommer zu verbringen, wenn die Hitze des Tages in Forum Julii unerträglich wurde. *Vallis curans*, das Thal, welches Genesung bringt, muß, wie sein Name sagt, als besonders gesunder Aufenthaltsort gegolten haben. Diesen alten Ruf möchte man auch heute noch ausnutzen und durch den verheißungsvollen Klang des Namens neue Bewohner hier anlocken. Man wandert in Valescure auf fertig angelegten Straßen, »*Grands Boulevards*« mit hochtönenden Namen; der Wald ist in Parkanlagen verwandelt; große Hôtels hoffen auf Gäste, Musikpavillons warten auf Musikanten. Doch die Besucher bleiben noch aus. Woher auch sollen sie kommen, diese Millionäre, um allen Grundstückspeculanten zu Gefallen die ganze Riviera von Toulon bis Ventimiglia mit Villen zu bedecken? Mit dem Augenblick, wo der Bau der Südbahn beschlossen war, bemächtigten sich Actiengesellschaften aller Punkte am Strande, die durch schöne Aussicht aller Punkte auf der Höhe, die durch gesunde Lage, Kiefernadelduft, oder sonst welche Vorzüge sich auszeichnen. Auch in St. Aigulf drüben im Maurengebirge ist der Wald schon parcellirt, laufen »*Grands Boulevards*« durch denselben und sind nicht allein mit schönen Namen, sondern auch mit Laternen versehen. Den Laternen freilich fehlen die Scheiben; gebrannt hat noch keine; manche warf der Sturm, manche auch Menschenhand schon um; nun liegen sie da und rosten, ein trauriges Bild des Todes dort, wo niemals Leben war. Dazwischen in möglichst auffälliger Stellung große Tafeln mit bunten Inschriften und Plänen, die zum Ankauf der Grundstücke verlocken sollen. – Wird Valescure jemals gedeihen? Es ist wohl möglich – einen Anfang von Erfolg hat es schon zu verzeichnen: »*La nature sévère et riante, l'odeur des pins agréable et salutaire*«, wie Stéphen Liegeard den Ort preist, hat bereits die Künstlerin der »*Comédie française*« Suzanne Reichemberg und die nicht minder berühmte Sängerin der Pariser komischen Oper Miolan Carvalho veranlaßt, sich hier anzusiedeln. Der Ort ist anmuthig, dicht von immergrünem Wald umhüllt, mit heiteren Ausblicken in das Meer und das Gebirge: trotzdem athmeten wir freier auf, als wir die »*Grands Boulevards*« verlassen hatten und uns in einer von der Speculation weniger übertünchten Natur bewegten. – Die Sonne ging in blaugrauem Nebel als rothe strahlenlose Scheibe auf; dann tauchte sie aus dem Nebel hervor und strahlte hell an wolkenlosem Himmel. Die Erde schien jetzt von Licht überströmt. Bald betraten wir jene ausgedehnten Wälder, welche das Esterel fast ganz bedecken. Einst hatten sie oft vom Feuer zu leiden; statt grüner Laubkronen starrten verkohlte Skelete den Wandrer an. Jetzt sind die Wälder Staatseigenthum geworden und erfreuen sich so sorgsamer Pflege, daß sie fast den Eindruck großer Parkanlagen machen. Die dunklen Strandkiefern (*Pinus Pinaster*) wiegen bei Weitem vor: sie schließen ihre Kronen oft so dicht zusammen, daß kaum ein Sonnenstrahl durch das Dickicht dringt. Vorzügliche Kunststraßen führen durch den Wald, und bis auf den Gipfel der Berge gelangt man auf gut gehaltenen Wegen. Auffallend genug sieht man eine weite Kunststraße oft ganz plötzlich enden, wenn sie die Grenzen des Gebirges erreicht. Da hört das Departement der Forste nämlich auf, und es beginnt dasjenige der Brücken und Chausseen. Die beiden Ministerien arbeiten sich, wie es scheint, nicht immer in die Hände. Nach Wegweisern sieht man sich leider vergebens im Esterel um, und wo mehrere Straßen sich schneiden, bleibt man auf seine Orientirungsgabe ganz angewiesen. Die besten Karten der Gegend, die wir uns zu verschaffen vermocht, Karten, welche das Ministerium des Inneren im Jahre 1889 veröffentlicht hatte, reichten eben nur aus, um uns irre zu führen. Der Weg zum Mont Vinaigre war übrigens nicht schwer zu entdecken. Zunächst sahen wir ihn vor uns, dann brauchten wir im Walde nur der breiten Straße zu folgen und uns nordwestlich zu halten, dort wo sich dieselbe mit anderen gleich breiten Straßen schnitt. Sie stieg in Windungen zwischen den Bergen empor. Meist war sie im Walde versteckt, und wir wanderten im Schatten hoher Bäume, oder sie erreichte einen steilen Abhang, und über den Gipfel der Bäume hinweg konnte der Blick dann über grüne Thäler und Berge weithin sich verlieren. Doch kein Haus war zu entdecken, nirgends verrieth aufsteigender Rauch eine verborgene Hütte: nichts als Wälder, Thäler und Berge in endloser Einsamkeit. Seitdem wir das Gebirge betreten hatten, war uns kein Mensch begegnet. Wir fühlten uns ganz allein: es war fast unheimlich. Nach zwei Stunden erreichten wir eine menschliche Behausung, das Forsthaus zu Malpay: »*Māou pays*«, schlechte Gegend, wie es provençalisch heißt, in Erinnerung an jene Zeit, wo es hier nicht geheuer war, zu reisen.

Die Frau Försterin schien sichtlich erfreut, sich wieder einmal aussprechen zu können, und gab uns, während wir frühstückten, genaue Auskunft über die Gegend. Sie zeigte uns auch in östlicher Richtung ein Stück der römischen Straße, die man von hier aus auf eine längere Strecke hin überblicken kann. Rom mit Gallien verbindend, endete sie in Arelate, dem heutigen Arles, von wo die »*via Domitia*« nach Spanien führte. Zwei römische Straßen, die als aurelianische bezeichnet wurden, führten durch das Esterel. Die ältere folgte von Cannes aus der Küste und erst vor der südlichsten Felsengruppe des Esterel drang sie landeinwärts, in ein Thal, um in westlicher

Richtung Fréjus zu erreichen. Später legten die Römer die zweite Straße an, die, in gerader Richtung über die Berge laufend, ungefähr der heutigen zwischen Fréjus und Cannes entspricht und von der wir hier ein Stück vor Augen hatten. In einer verborgenen Schlucht unfern derselben liegen in Malpay noch Porphyrsäulen aus alter Zeit, unvollendete Arbeit der Römer. Der violettrothe Stein hat sich seitdem freilich mit einer dicken schwarzen Kruste bedeckt. An die Benennung jener römischen Straßen erinnern hier noch die Namen der Ufer und Berge. Dort, wo die ältere der beiden Straßen das Meer verließ, heißt immer noch das Ufer »Plage d'Aurel«, und »Pic d'Aurel« heißen die Porphyrmassen, denen sie dann folgte. Dieses Gebirge war später von aller Cultur so abgeschnitten, neuen Einflüssen so entzogen, daß das Volk bis auf den heutigen Tag eine noch benutzte Strecke der älteren Straße »*lou camin Aurelian*« nennt.

Man verläßt in Malpay die breite Straße und folgt in östlicher Richtung dem Fußweg, der in zahlreichen Windungen am südlichen Abhang des Mont Vinaigre aufwärts steigt. – Wie kommt der Berg zu seinem merkwürdigen Namen? Es heißt der saure Wein, der an seinen Flanken wuchs, hätte ihm denselben verschafft. Spuren einstiger Weincultur sind freilich nicht mehr zu entdecken, hingegen tritt man am Abhang in die herrlichsten Maquis ein. Baumartige Heide, Ginster, Pistacien, Euphorbien, Asphodelen, sie alle blühen zu gleicher Zeit und erfüllen die Luft mit würzigem Duft. Denn er ist kurz, der provençalische Frühling, und die Pflanzen müssen sich beeilen, bevor die Dürre naht; es ist als wenn die Natur ein Frühlingsfest hier feiern wollte, und unbewußt dringt etwas von diesem Frühling auch in die Seele des Wandrers ein. Er vergißt alles Vergangene, ihm ist, als könne er das Leben von Neuem beginnen. Warum auch nicht? Ist doch die Welt so alt und erwacht sie dennoch in jedem Frühjahr zu neuem Leben. – Was duften nur die Heiden so schön nach bittren Mandeln? Jeder Windhauch trägt uns ganze Fluthen dieses Aromas entgegen. Dieser Duft war uns früher kaum aufgefallen, doch eine gleiche Fülle von Ericablüthen hatten wir auch noch nie gesehen. Ein süßer Honiggeruch erfüllt jetzt die Luft: eine unscheinbare kleine Wolfsmilch (*Euphorbia spinosa*) ist es, die ihn verbreitet. Ihr fehlen auffällige Blüthen, und da muß sie sich besonders bemühen, um in so farbenreicher Umgebung nicht unbeachtet zu bleiben. Sie wird auch von zahlreichen Bienen besucht, während die bunten Schmetterlinge um andere prächtigere Blüthen flattern. Hier lohnt es sich, Biene und Schmetterling zu sein! Aus dieser Blüthenmasse ragen dunkle Erdbeerbäume, zwerghafte Kiefern, immergrüne Eichen, stachelige Wachholdersträucher (*Juniperus oxycedrus*) hervor. Und wo ein noch so kleiner Platz unbesetzt geblieben an dieser reichen Tafel der Natur, da drängen sich die Asphodelen (*Asphodelus cerasifer*) mit ihren weißen Blüthenrispen ein. Auch sie wollen ihren Antheil an Licht und Wärme haben, an jener Nahrung, die hier in solchem Uebermaß gespendet wird.

Wir steigen nur langsam in die Höhe, bleiben vor jeder einzelnen Blüthe stehen, belauschen die Bienen bei der Arbeit. Erst nach einer Stunde sind wir oben; da liegt eine ganze Welt zu unseren Füßen. Vor uns das grüne Esterel mit seinen tief eingeschnittenen Thälern und seinen steilen Höhen, wo aus dem Laub der Bäume die zackigen Porphyrfelsen in den Himmel ragen. Im Westen die Ebene von Fréjus von ihrem Silberfluß durchströmt; über dieser das Maurengebirge mit seinen dunklen Wäldern, und dann alle Buchten der Küste, weit hin bis nach St. Tropez. Im Norden die Kalkalpen in perlgrauem Ton; im Osten die Seealpen mit schneebedeckten Häuptern; davor üppig grünes Land, mit leuchtenden Städten und Dörfern und wieder die Küste, erst bei Bordighera in duftigen Nebel sich hüllend. Ganz in der Nähe Cannes, vor ihm die Inseln von Lerins; weit vorspringend in die See das schmale Cap von Antibes; endlich im Süden, scheinbar dem Himmel entgegenstrebend, das unbegrenzte Meer.

Heute war es hier oben so windstill, daß auch die einsame Korkeiche, die am Gipfel steht, sich in der Sonne **wärmen** konnte. Auch sie, die bedauernswerthe, war ihrer schützenden Korkhülle beraubt worden. Zum großen Theil entblößt, mußte sie an schlimmen Tagen dem Mistral hier trotzen. In dem friedlichen Bilde, das uns umgab, störte diese nackte Eiche wie ein Mißton die Harmonie.

Der Weg, den wir bei Malpay verlassen hatten, setzt sich in gerader Richtung am Fuße des Mont Vinaigre fort und trifft bald auf die große Straße von Fréjus und Cannes. Folgt man ihr in östlicher Richtung, so gelangt man bald zu einer Häusergruppe, der Auberge des Adrets und dem Gensdarmerieposten. Der Name, den das Wirthshaus führt, war in Paris einst in Jedermanns Mund, als der berühmte Schauspieler Fréderic Lamaître im Ambigu-Theater die Hauptrolle in einem Schauerdrama gab, das in einer »Auberge des Adrets« spielte. Das war in den vierziger Jahren, und alle sensationsbedürftigen Besucher von Cannes machten Ausflüge ins Esterel, um in der »Auberge des Adrets« die Räume zu sehen, in denen ein Herr Germeuil ermordet oder vielmehr **nicht** ermordet worden war. Denn abgesehen davon, ob die ganze Geschichte sich jemals zugetragen, oder ob sie nur erfunden war, handelte es sich thatsächlich in dem Drama nicht um diese, sondern, wie das Textbuch deutlich angab, um eine Herberge gleichen Namens auf dem Wege von Grenoble nach Chambéry. – Unter den Besuchern, die in fröhlicher Laune von Cannes aus hierher gekommen waren, befand sich im Jahre 1868 auch Georges Sand. Die Bewohner des Hauses wurden damals schon sehr ungehalten, wenn man sie über jenen Herrn Germeuil ausfragen wollte; sie glaubten, man bezichtige sie des Mordes. Richtig ist, daß vor Jahren die Gegend um jene »Auberge des Adrets« besonders berüchtigt war. In den unzugänglichen Thälern und Schluchten des Esterel suchten alle jene Verbrecher ihre Zuflucht, denen es gelungen war, aus den Galeeren von Toulon zu entfliehen. Sie pflegten die Reisenden unfern von diesem Wirthshaus anzufallen, an einer Stelle, wo die Straße von angrenzenden Höhen beherrscht ist. »Als wir vorbeifuhren,« schreibt Horace Benedict de Saussure, »zeigte uns der Courier von Rom, der mit uns reiste, einen zertrümmerten Reisekoffer, der noch am Wege lag und einem Courier gehört hatte, der vor einigen Tagen ausgeplündert worden war.« Als hingegen der Erlanger Professor der Naturwissenschaften Gotthilf Heinrich Schubert 1822 »mit der Hausfrau, die, wie gewöhnlich, als Haushofmeister und Adjutant, ihren alten Träumer begleitete«, die nämliche Stelle überschritt, hatten sich die Zustände bereits geändert. In dem Wirthshaus war ein Gensdarmerieposten errichtet. Doch fand er dort nur eine alte Frau und zwei kleine Kinder vor. Während die Reisenden sich stärkten, kam die Alte auf die verschollenen Räubergeschichten zu sprechen. »Wenn sich so ein Räuber doch hier wieder sehen ließe,« meinte die Frau, »damit unsere Gensdarmen zeigen können, daß sie ihr Brot nicht umsonst essen.« – Seitdem die Eisenbahn Fréjus mit Cannes verbindet, ist diese Straße wie ausgestorben, und Räuber würden ihr Auskommen da nicht mehr finden. Das Wirthshaus zeigt aber noch deutlich an, daß es einst darauf eingerichtet war, sich zu vertheidigen. Die Mauern sind ungewöhnlich dick, die Fenster des unteren Stockwerks mit eisernem Gitter versehen. Durch eine Oeffnung in der eichenen Thür wurde der Reisende erst genau betrachtet, bevor er Einlaß erhielt, schräge Schießscharten in den Wänden sind gegen die Thür gerichtet: das Haus gleicht einer Festung, die nur durch regelrechte Belagerung genommen werden konnte. Jetzt steht seine Thür weit offen, und kleine Kinder spielen vor dem Hause.

Wir kehrten nach Malpay zurück und wählten von dort einen Weg, der in südöstlicher Richtung uns nach Agay führte. Bald waren wir in den *Vallon de la Cabre* gelangt. Dort breitete überall am Abhang der lorbeerartige Schneeball (*Viburnum Tinus*) seine weißen Blüthendolden aus. Bis auf die betretenen Wege wagten sich die blauen Schwertlilien (*Iris germanica*) hervor. Die Dichternarcisse (*Narcissus poëticus*) schaute uns aus dem Gebüsch mit ihren leuchtenden Blumenaugen an. Hochstengelige Tulpen (*Tulipa Celsiana*) grüßten uns aus der Ferne mit ihren gelben Blüthen. Die violetten Blüthenstände der doldenblüthigen Schleifenblume (*Iberis umbellata*) überraschten uns durch ihre Pracht; hatten wir doch dieses schöne Gewächs bisher nur in Gärten gesehen. Bald war in unseren Händen *Ophrys aranifera*, die merkwürdige Orchidee, mit ihren spinnenartigen Blüthen, und zu dieser konnten wir dann auch ihre bienenähnliche Schwester (*Ophrys apifera*) gesellen. Am meisten aber erfreute uns das seltene *Limodorum abortivum*, eine blattlose Orchidee, die in allen Theilen hellviolett gefärbt, auch hellviolette Blüthen trägt. So wandelten wir im Thale mit großen Blumensträußen in den Händen. Da plötzlich tauchte vor uns ein großer Porphyrblock auf. Er steht auf schwachen Füßen und neigt sich über den Bach, als wollte er stürzen.

Das Volk hat ihn den Taubenschlag, »*Pigeonnier*«, genannt. Dann führte unser Weg weiter an anderen phantastischen Felsen vorbei; oft schienen sie das Thal zu versperren und traten erst weit im Halbkreis auseinander, als wir den Fluß von Agay erreichten. Dem folgten wir bis an das Meer. Zackig zerrissen, in rothem Lichte glühend, schaut dort das Castel d'Agay in die See hinab. Wie Zähne einer Riesensäge ragen in langgedehnter Reihe die steinernen Zacken gegen den Himmel vor. Wir rasteten an der lieblichen Bucht von Agay, die der rothe Porphyr in einen farbigen Rahmen faßt. Wir sind hier zehn Kilometer von St. Raphaël entfernt, an der Station der Mittelmeerbahn, die dem Seestrande folgt, um dem Gebirge auszuweichen.

Unfern von Agay, am Wege nach St. Raphaël, wird blauer Porphyr gebrochen. Große Blöcke sprengt man aus dem Berge heraus, schneidet sie in Platten und Würfel und verwerthet den Rest für Straßenbau. Der ganze Strand ist mit blauem Porphyr bedeckt, und zahlreiche Arbeiter sind beschäftigt, ihn auf Schiffe zu laden. Der Porphyr des Esterel ist ein Quarzporphyr, der in dichter, mit bloßem Auge nicht unterscheidbarer Grundmasse, die aus Quarz und Feldspath besteht, Krystalle oder crystallinische Körner aus Quarz oder Feldspath führt. Der Feldspath ist meist fleischroth, doch wird die rothe Färbung des ganzen Gesteins vornehmlich durch Eisenoxyd bedingt, das als ein feiner Staub in der Grundmasse vertheilt ist. In den blauen und andern hellgefärbten Porphyren tritt das Eisenoxyd gegen Eisenoxydulverbindungen zurück. Der blaue Porphyr wird für Straßenbauten besonders geschätzt und seine Gewinnung hier in großem Maßstab betrieben. – Dem Steinbruch gegenüber springt eine Landzunge, »*Le Piton de Dramont*«, vor in die See und trägt auf steil abfallenden Felsen einen hohen Leuchtthurm. Er warnt den Schiffer schon aus der Ferne vor der Gefahr, die ihn an dieser felsigen Küste bedroht. Die Bucht von Agay, die bei ruhigem Wetter still ist und leer, füllt sich bei stürmischer See oft mit vielen Schiffen. Sie warten hier, im sicheren Schutze der Berge, auf günstigeres Wetter, und schon zur römischen Zeit hat der Agathon Portus manches Schiff vor Untergang gerettet.

VI.

Als ein Wunder des Esterels gilt das Malinfernet, ein versteinertes Felsenmärchen. Eine Straße führt jetzt von Agay dahin, und drei Stunden Wagenfahrt genügen, um es von St. Raphaël zu erreichen. Wir ziehen die Fußwanderung vor und brechen von le Trayas auf, wohin wir mit der Bahn in einer halben Stunde gelangen. Dort kreuzen wir sogleich die Schienen und steigen am westlichen Abhang des vor uns sich erhebenden Berges in die Höhe. Wir wandern in Maquis, noch üppiger als wir sie an andern Stellen des Esterels gesehen. Vom süßen Honigduft der Euphorbien sind wir fast betäubt. Weite Flächen werden gelb gefärbt von großblüthigen Pfriemensträuchern (*Calycotome spinosa*). Cistusrosen (*Cistus albidus*) beginnen eben ihre großen rothen Blüthen zu entfalten. Zunächst sind sie zerknittert, so wie sie es in dem engen Raum der Knospenhülle waren, doch breiten sie sich aus, verlieren bald alle Falten und locken nun die Schmetterlinge durch ihren zarten Farbenreiz. Wir pflücken keine dieser Blüthen, da sie zu vergänglich sind, der leiseste Windhauch trägt ihre Kronenblätter davon. – Welche Fülle bunter Schmetterlinge belebt hier den Abhang. Blüthen und Schmetterlinge gehören ja zusammen. Der sonst seltene Falter *Anthocharis Eupheno* ist hier fast gemein. Er gleicht unserem Aurorafalter, ist aber schwefelgelb, nicht weiß wie jener. Dieselben rothen Flecken zieren seine Vorderflügel. Unruhig und rasch fliegt er durch die Lüfte. Ebenso behend ist der Osterluzeifalter (*Thaïs Polyxena*), dessen bräunlich gelbe Flügel mit schwarzen Zacken sich umrandet zeigen und rothe und blaue Flecken tragen. Er gleicht einem Harlekin, so bunt und befranzt ist seine Tracht. Langsam schweben in allen Richtungen die Segelfalter an uns vorüber. – Bald haben wir einen Kamm, den Col Lentisque erreicht, den zahlreiche Korkeichen schmücken. Hier schneiden sich mehrere Wege. Wir wählen denjenigen, der zur Rechten abzweigt, überschreiten alsbald die Paßhöhe und beginnen in einem waldigen Thale, dem »Ravin« des Baches Escalle, der hier abwärts fließt, langsam abzusteigen. Schöne Stecheichen (*Ilex aquifolium*) ragen stellenweise aus dem üppigen Dickicht hervor. Es sind das hier stattliche Bäume, während wir sie in unseren Wäldern nur in Strauchform finden. Da fällt uns dann wieder auf, was einst schon Chamisso bemerkte, daß die glänzenden, lederartig starren Blätter nur in den unteren Theilen des Baumes mit scharfen Zähnen besetzt sind, an den höher entspringenden Aesten aber einen fast glatten Rand haben. Nur an denjenigen Blättern, die von den weidenden Thieren erreicht werden können, bildet zum Schutz gegen dieselben diese Pflanze Stacheln aus. Der Weg wendet sich plötzlich nach Westen, und ganz unvermittelt stehen wir am Ausgang des Malinfernet. Da ragen sie nun hervor aus dem dunklen Wald, alle die rothen Felsen hier in der Sonne glühend, dort in den Schatten der Berge getaucht. Sie verschieben sich gegeneinander bei jedem Schritt, den wir vorwärts schreiten; die einen schwinden, die andern treten hervor, fast endlos. Und der klare Bach, der das Thal durchströmt, rauscht entweder stark, oder murmelt schwach, oder donnert laut in Wasserfällen. Einmal verbirgt er sich ganz im grünen Laub der Bäume, dann tritt er wieder weit sichtbar vor und spiegelt mit hellem Glanze den Himmel. Und erst die Felsen! Hier glaubt man einen spitzen Thurm zu sehen, wie den Thurm eines gothischen Domes, mit steinernen Blumen und Thieren und allerhand Schnörkeln verziert; dort eine Burg mit ihren Schanzen und Zinnen, dort eine Orgel mit riesigen Pfeifen, hier einen schlanken Kegel, dort einen kantigen Crystall, hier wieder ein Standbild auf hohem Postament. Ist das nicht der Gott Osiris, der auf diesen Felsen thront? Er trägt zwei junge Kiefern wie Scepter in den Händen. Am Eingang jener Schlucht kauert eine Sphinx und holt aus zum Sprunge. Und dort am fernen Abhang scheint eine wilde Jagd den Berg hinabzurasen. Die phantastischen Thiere ragen hoch aus dem Wald hervor, in letztem Todeskampf zu Stein erstarrt. Da hat die Natur ihrem ungezügelten Gestaltungsdrang freien Lauf gelassen; sie schuf in übermüthiger Laune. Und als bereue sie nachträglich diesen Uebermuth, verbarg sie sorgsam das Thal zwischen hohen Bergen. Das Malinfernet mußte thatsächlich erst entdeckt werden, und noch im December 1851, nach dem napoleonischen Staatsstreich konnten politische Flüchtlinge sich dort lange Zeit verborgen halten und den Nachforschungen der Gensdarmen entgehen.

VII.

Gegen Abend zogen wir wieder hinaus zum Strande von St. Aigulf. Wir wollten das Esterel noch einmal im Glanze der untergehenden Sonne glühen sehen. Es war ein farbenprächtiger Abend, still und mild, einer jener Abende, die das Gefühl des Glückes in der menschlichen Seele erwecken. Kein Luftzug bewegte die Blätter der Bäume. Im See von Villepey spiegelten sich dunkle, goldumstrahlte Wolken. Durch unser Nahen aufgeschreckte Vögel flohen aus dem Dickicht des Ufers empor. Sie stiegen in die Lüfte und schienen schwarze Furchen zu ziehen am hellen Abendhimmel. Die Wolken im Westen nahmen Purpurfarben an, und in ihrem Widerschein röthete sich auch der See. Er sah jetzt unheimlich aus, wie eine Lache von Blut; das dunkle Dickicht aus Rohr umfaßte ihn mit schwarzem Trauerrand. Wir setzten unsern Weg fort zum Strande. Bald stand der Westen in voller Gluth, und das Maurengebirge glich einem Riesen in der Feuersbrunst. Die Bäume des Waldes zeichneten sich schwarz auf hellem Grund, als wäre ihr Umriß mit Kohle gezogen. Allmälig verblaßte der Himmel. Auf den spiegelnden Wellen des Meeres begannen sich die weißen Strahlen der ersten Sterne mit dem rothen Abglanz der letzten Abendlichter zu mischen. Als wir den Strand erreichten, war es bereits so dunkel, daß wir den Umrissen des Meeres nicht mehr folgen konnten. Der Himmel sprühte von Sternen und schien auch ungezählte Lichter im Meere auszusäen. Wir lauschten dem Stöhnen und Rollen der Brandung und frugen uns, warum es ewig klagt und grollt, dieses länderumspülende Meer; ist es der Schmerz über all' das Leid, das sich an seinen Ufern zugetragen? Ist doch auch dieser Ort nach jenem Heiligen benannt, der auf den Lerinischen Inseln gemartert ward. Manchmal glaubten wir nahende Schritte zu hören; doch nein, es war nur ein reifer Kieferzapfen, der vom Baum zu Boden fiel, oder eine größere Welle, die sich über das Ufer ergoß und zischend dem Meer wieder zueilte. Die silberne Mondsichel, ganz schmal, tauchte hinab in die Bäume. Starr leuchteten uns von Osten her die Leuchtthürme von St. Raphaël und von Drammont entgegen; der Phar von Camarat im Westen flammte auf und nieder: es war, als öffnete und schlösse er abwechselnd sein großes Feuerauge. Im Meere tauchten Barken auf in gelbem Fackelschein. Das waren Fischer, welche mit Feuer die Tiefen erhellten, um Fische zu erspähen. Die flackernden Flammen warfen lange zitternde Streifen auf die Wellen. Plötzlich tauchte dicht vor unseren Augen, gespensterhaft groß, eine riesige Barke auf, mit ausgespannten Segeln. Sie deckte uns die Sterne und warf einen schwarzen Fleck über den funkelnden Himmel. Eben so rasch, wie sie kam, war sie auch verschwunden, lautlos, unvermittelt, wie ein Geisterschiff.

VIII.

Unfern vom Bahnhofe bei le Trayas schaut aus dem dunklen Grün der Bäume ein helles Häuschen hervor. Schilder an der Station preisen es als »*Hôtel du Trayas et restaurant de la Réserve*« an. Der Ort liegt so schön am Wald, zwischen rothen Felsen, daß wir den Entschluß faßten, dort einige Zeit zu weilen. So fanden wir uns am nächsten Tage auf der Station von le Trayas mit unserem Gepäck wieder ein. Wir frugen nach dem Wege zum »Hôtel«, und wurden auf einen Hund verwiesen, der sich in unserer Nähe befand. »Sie brauchen ihm nur zu folgen, er wartet auf die Gäste«. Der Hund hatte sich uns genähert, als wir mit Handgepäck beladen, aus dem Eisenbahnwagen stiegen und sah uns verständnißvoll an. Es war ein großer schwarzer Vorstehhund, mit langem seidigem Haar. Wir schritten zum Ausgang; der Hund eilte uns voran, blickte oft sich um und wedelte dann mit dem Schweife. Er führte uns den Weg an der Bahn entlang, hierauf in den Wald. Einen Augenblick war er verschwunden: es galt einen kleinen Pintscher im nahen Försterhause zu besuchen, vielleicht ihm mitzutheilen, daß Fremde angelangt seien. Der kleine Freund kam mit bis auf den Weg, um uns zu betrachten, dann zog er sich zurück. In einer Viertelstunde erreichten wir das Gasthaus, einen bescheidenen Bau, doch mit ziemlich weiter Glashalle. Augenscheinlich wurde die Restauration des »Hôtels« mehr als seine Wohnräume in Anspruch genommen und somit wohl die Glashalle am meisten benützt. Der Hund stellte sich vor die Eingangsthür und bellte. Es war das aber nicht ein gewöhnliches Bellen, er stieß vielmehr gedämpfte, rasch hinter einander gedehnte Töne aus, welche die Mitte zwischen Bellen und Heulen hielten. Da stürzte der geschäftige Wirth mit seiner ganzen Familie aus dem Hause und bot uns seine Dienste an. Die Zimmer im Hause sind zwar äußerst klein, doch erträglich, der Aufenthalt auf der Terrasse, bei so schönem warmem Wetter, wie wir es trafen, war aber geradezu entzückend. Steht doch das Haus dicht am Meere, auf einem Porphyrfelsen, und kann der Blick weithin der Küste folgen, an rothen Porphyrmassen, dann dunkelgrünen Höhen vorbei Cannes erreichen und auf den Lerinischen Inseln im Meere, oder dem weißen Schnee der Alpen über den Bergen, endlich ruhen. Vorn ist der rothe Strand in scharfe Buchten zerschnitten und zu tiefen Grotten ausgehöhlt; im Norden steigt, dicht über dem Hause, der

Pic d'Aurelle empor, im Westen schließt die mächtige Felsenmasse des Cap Roux die Landschaft ab.

Viele Fremde kommen aus Cannes hierher, verweilen aber nur wenige Stunden, um sich in der Glasveranda an »*Bouillabaisse*«, oder an den Austern und Hummern der »Reserve« zu laben. Hin und wieder findet sich zu mehrtägigem Aufenthalt ein leidenschaftlicher Liebhaber des Fischfangs ein. Denn das Meer gilt für besonders fischreich an diesem felsigen Strande, und der Fischer findet vollauf Gelegenheit, seine List und seine Gewandtheit zu üben. Als besonders spannend gilt der Fischfang des Nachts bei Feuer und verlangt, so wie er hier geübt wird, sehr viel Geschick. Eine solche Fahrt muß man einmal mitgemacht haben!

Das Meer war so ruhig, so einladend, daß wir einen Fischer veranlaßten, uns am Abend zu solchem Fischfang mitzunehmen. Es dunkelte schon, als wir das Land verließen. Kein Mond am Himmel, doch unendlich viel leuchtende Sterne, deren Zahl noch immer zu wachsen schien. Sie spiegelten sich in den Wellen, die wir durchschnitten. Die Umrisse der Berge schwanden immer mehr; bald bildeten sie nur noch einen dunklen sternenlosen Schatten am Himmelssaum. Im Meere war es still; wir hörten nur den leisen Anprall der Wellen gegen das Boot und den regelmäßigen Schlag der Ruder ins Wasser. Die Brise aber, die des Nachts von den Bergen weht, trug die Stimmen des Landes über das Meer. Wir hörten aus der Ferne die lauten Concerte der Laubfroschscharen, das schrille Zirpen der Heuschrecken. Zugleich brachte uns diese Brise alle die Wohlgerüche, welche den harzigen Kieferwäldern und den würzigen Maquis entströmen. Nah und fern glänzten am Ufer, wie große Sterne, die Leuchtthürme uns entgegen. Wir gaben uns diesen Eindrücken ganz hin und athmeten mit Wonne die balsamische Luft. Der eine Fischer beugte sich dann über das Boot, um das Feuer zu entzünden. Vorn an einem Haken war der eiserne Gitterkorb befestigt, den er mit harzigem Holz der Aleppokiefer gefüllt hatte. Knisternd entflammte dasselbe und verbreitete ein grelleres Licht, wie Fackelschein. Dieses Licht drang in die Tiefen des Meeres ein, während der Himmel über uns jetzt fast schwarz erschien. Wir glitten über Felsenmassen, auf welchen Meeresalgen wahre Zaubergärten bilden. Da mischen und durchdringen sich alle Farben, von lebhaftestem Grün bis zu dunklem Braun und zu leuchtendem Roth. Hier breite Blätter zu Rosetten aneinander gedrängt, dort lange fluthende Fäden, wie aufgelöstes Haar, dort wieder rundliche Gebilde wie Muscheln. Dazwischen schillernde Seeanemonen mit vorgestreckten Fühlern, rothe Seesterne mit ausgebreiteten Armen und stachelige Seeigel, die dunkle Flecke in einem bunten Teppich zu bilden scheinen. Kleine Fische fliehen erschreckt nach allen Seiten, größere folgen in Scharen, wie durch das Licht fascinirt, unserem Boot. Spähend steht am Vordertheil des Schiffes der Fischer und schaut in die Tiefe. Er hält eine dreizinkige, an langer Schnur befestigte Harpune in der Hand, bereit sie abwärts zu stoßen. Jetzt gießt er einige Tropfen Oel auf das Wasser, um die Fluth, die der Luftzug kräuselt, zu glätten. Die Ruderschläge verstummen. Plötzlich fährt der Wurfspeer in die Tiefe, sein mit Widerhaken versehener Dreizack durchbohrt einen Fisch, und zappelnd wird dieser emporgezogen, um im Boote bald zu verenden. – Es gehört viel Uebung und Geschick zu einer solchen Jagd. Nicht nur gilt es beim Wurf die Bewegung des Fisches, sondern auch jene Lichtbrechung im Wasser zu berücksichtigen, welche den Fisch an einer anderen Stelle zeigt, als die, an der er sich wirklich befindet. Wir gaben die Jagd auf, es genügte uns dieses eine Opfer; langsam erlosch unser Feuer und wieder glitten wir friedlich auf der weiten See, beschienen von silbernen Sternen.

Gegen den Mistral ist le Trayas vollständig gedeckt, der Cap Roux fängt ihn mit seinem breiten Rücken auf. Zu gleicher Zeit, da in Cannes und Nizza dichte Staubwolken von den Straßen aufsteigen, merkt man hier kaum einen Luftzug und kann sich behaglich im Freien vor dem Hause sonnen. Doch darf der Ostwind nicht kommen; der rückt hier an, mit voller Gewalt; er stürmt das Gebirge, das ihm Halt gebietet, prallt zurück von den hohen Felsen und umwirbelt sie mit wüthendem Geheul. Das geängstigte Meer scheint dann auf das feste Land sich flüchten zu wollen; mit Schaum bedeckt versuchen es seine Wellen, die Felsen zu erklimmen, doch sie zerschellen an dem harten Stein und sinken gebrochen zurück in die Tiefe. In der Höhlung der Grotten fangen sie sich aber ein, suchen dort einen Ausweg nach oben und schlagen mit solcher Gewalt gegen die Wölbungen an, daß das ganze Ufer erdröhnt. Da ist von Schlaf kaum die Rede des Nachts in dem kleinen Hause, – schlummert man endlich auch ein, so träumt man Schauergeschichten und wacht dann plötzlich auf mit Schrecken und Beklemmung. Staub gibt es freilich selbst dann nicht auf den Porphyrstraßen des Esterel, und in einem vom Strande entfernteren, mehr geschütztem Hause, könnte daher wohl mancher Lungenkranke im Frühjahr besser aufgehoben sein, als in den von Kalkstaub erfüllten Kurorten. Im Winter selbst wird es hier zu kalt und fehlen demgemäß auch die empfindlicheren Pflanzen in der Flora.

IX.

Vor Allem galt es uns von hier aus den Gipfel des Cap Roux, den »Grand Pic« des Esterel, zu besteigen. Gleichzeitig wollten wir die Grotte Sainte Beaume d'Honorat besuchen und frugen nach dem Wege zu derselben. Der Wirth bot uns den Hund als Führer an, denselben Hund, der uns am Bahnhof empfangen hatte. »Castor« wurde herbeigerufen. Wir hatten schon nähere Bekanntschaft mit ihm geschlossen, bei den Mahlzeiten seiner gedacht und so seine Zuneigung gewonnen. Dieser Hund hatte merkwürdig viel Ausdruck im Gesicht; seine Augen blickten so klar und treu, und wenn er uns von der Seite ansah und das Weiß seiner Augen sichtbar wurde, da erschienen diese so verständig und nachdenklich, so überlegt und klug, fast wie Menschenaugen. Allem Anschein nach verstand Castor den Sinn vieler Worte und staunten wir daher auch nicht, als der Wirth den Auftrag ihm ertheilte, uns nach der Beaume zu führen und zu diesem Zwecke das Wort »Beaume« drei Mal mit Nachdruck wiederholte. Castor wedelte mit dem Schwanze zum Zeichen des Verständnisses, doch blieb er zunächst noch stehen. Ah! sagte der Wirth, ich habe den Lohn vergessen, den er gewohnt ist zu erhalten: die eine Hälfte hier, die andere an der Beaume. So wurden denn Cakes geholt, für welche Castor eine besondere Vorliebe hatte. Die eine Hälfte verzehrte er sogleich mit sichtlichem Behagen, die andere Hälfte nahmen wir mit auf den Weg. Wir brachen jetzt auf, Castor voran, die Schnelligkeit seines Ganges nach der unserigen richtend, häufig nach rückwärts schauend, ob wir ihm auch folgen. Wir streiften den Eisenbahndamm in westlicher Richtung und waren bald an die Mündung des Thales gelangt, das den Pic d'Aurelle von der Bergwand des Cap Roux scheidet. Das Meer dringt vor in dieses Thal, um eine der vielen Buchten zu bilden, die hier Calanques heißen. Eine Eisenbahnbrücke überspannt im Bogen die Bucht. Wir glaubten den Weg unter derselben einschlagen zu müssen, doch Castor führt uns aufwärts, und ohne auf die Eisendrähte zu achten, durchkreuzt er die Bahn. Wir glaubten seinem Beispiel folgen zu müssen, und in der That schließt ja auch beiderseits der Weg an den Bahndamm an. Die Drähte scheinen nur da zu sein, um überstiegen zu werden, nur um die Bahn im Falle eines Unglücks vor der Verantwortung zu schützen. Diese Einrichtung wiederholt sich hier längs der ganzen Bahnstrecke, zahlreiche Wege münden beiderseits an dieselbe, und man wird zum Uebersteigen der Drähte vom Bahnwärter selbst ermuthigt, wenn man ihn nach dem Wege frägt. – Castor führte uns am Abhang des Cap Roux in nordwestlicher Richtung weiter; er kehrte sich nicht an die vielen Wege, die steiler am Berge aufstiegen, ging ruhig und sicher in gerader Richtung vor sich hin. Das Thal wendet sich dann nach Westen, und wir folgten dem nördlichen Abhang des Berges. Ein gemauertes Schutzhaus steht am Wege, das den Forstbeamten als Zufluchtsstätte dient; nebenan entspringt am Berg eine Quelle. Hier bog Castor seitlich ab, wählte den rechts aufsteigenden Pfad und führte uns jetzt steil in die Höhe. Zunächst war der Weg noch gut, doch nach einiger Zeit gelangten wir in Geröll und Felsen. Dann folgten Stufen im Stein; stellenweise schwebten wir über dem Abgrund, doch da waren eiserne Stäbe in den Fels geschlagen, an denen wir uns stützen konnten. Castor war augenscheinlich nicht schwindlig; er kletterte behende aufwärts, schaute oft an schwierigen Stellen sich um, als wenn er unserem Geschicke nicht ganz traute. Vor uns auf der Felsenkante steigen die Trümmer eines Thurmes auf, die Reste der früheren Einsiedelei. Ein Thorweg durchsetzt den Thurm; wir bleiben an dessen Eingang stehen. Der Blick taucht hier über die steilen Felsen in das üppige Thal hinab. Grüne

Berge, von zackigen Porphyrmassen gekrönt, steigen jenseits auf; über dem Col Lèveque im Osten glänzen die Schneehäupter der Alpen. Und im Westen, in bläulichem Dunst getaucht, begrenzt das Maurengebirge den Horizont. – Jenseits des Thurmes ist der Eingang zur Grotte. Castor hatte sich vor denselben gelagert. Nicht ohne Selbstgefühl schaute er uns an. Er hielt es nicht einmal für nöthig mit dem Schweife zu wedeln, als wir ihm die Cakes überreichten. Er hatte sie verdient; Demuth war nicht am Platze. Wir traten in die Grotte ein. Rechts birgt sie eine Cisterne. Im Hintergrunde ist ein bescheidener Altar errichtet, und noch bescheidenere Standbilder der Heiligen zieren die Wände. Hier soll einst als Einsiedler der heilige Honoratus gelebt haben, jener Heilige, der um das Jahr 408 auf den Lerinischen Inseln ein berühmt gewordenes Kloster gründete. Zahlreiche Pilger zogen Jahrhunderte lang und ziehen auch jetzt noch am ersten Donnerstag im Mai den steilen Berg hinauf, um den Heiligen zu verehren. Eine Nische in der Grotte soll des Heiligen Lager gebildet haben. Die Pilger betrachten mit Andacht die Vertiefungen im Stein, die sie als Spuren deuten, welche der Körper des Heiligen hinterließ.

St. Honoratus stammte aus dem nördlichen Gallien, wie es heißt aus einer vornehmen Familie. Noch jung zog er sich in diese Einöde zurück. Sein Beispiel regte zur Nachahmung an. Es folgte ihm der heilige Eucharius, ein provençalischer Edelmann, Seigneur de Théol et de Mandelieu, der aber später als der heilige Honoratus der Welt entsagte. Er mag manchen bitteren Kummer und manche Enttäuschung zuvor erlebt haben. Denn, wie ich der Geschichte der Diöcese Fréjus, die der Abbé Disdier veröffentlicht hat, entnehme, war der heilige Eucharius zuvor verheirathet gewesen und besaß zwei Söhne und zwei Töchter. Als ihm seine Frau durch den Tod entrissen wurde, übergab er die Erziehung der Söhne dem heiligen Hilarius und zog sich zunächst auf eine der Lerinischen Inseln und dann in die Einsiedelei des Cap Roux zurück. Er bewohnte hier eine Grotte, die noch unzugänglicher, noch abgeschlossener als diejenige des heiligen Honoratus war. Hier »von Allen getrennt, der Ruhe und der Schweigsamkeit sich weihend, hatte er weder den Willen noch die Gelegenheit zu sündigen«. Hier verfaßte er auch einen begeisterten Tractat zum Lob der Einsamkeit. Doch sollte er sein Leben nicht in dieser Einöde beschließen. Abgesandte der Lyoner Gemeinde entführten ihn, um ihn als Erzbischof an ihre Spitze zu stellen. – Schwer fällt es heute, sich in den Geist jener begeisterten Asketen zu versetzen, denen als Ideal der Vollkommenheit nicht die Erfüllung der sittlichen Pflichten des Lebens, sondern der Ertödtung aller sinnlichen Gelüste vorschwebte. Doch damals waren die Zeiten anders, und es sah so traurig aus in der Welt, daß mancher an ihr verzweifeln konnte. Manch' edel angelegter Mensch mochte glauben, daß sein ethisches Ideal innerhalb einer solchen Welt nicht zu verwirklichen sei, und suchte es darum in der Weltentsagung. Solches ideale Streben, das mit dem Opfer der eigenen Person verbunden ist, zwingt uns

Bewunderung ab; menschlicher muthet uns ein späterer Einsiedler vom Berge des Cap Roux an, Namens Laurentius Bonhomme, der dort die zweite Hälfte des siebenten Jahrhunderts verlebte. Er betrieb allerhand kleines Gewerbe, war immer fleißig bei der Arbeit, züchtete Bienen, verwerthete deren Wachs und Honig, und das Geld, das er verdiente, vertheilte er unter die Armen. Er schloß sich von den Menschen nicht ab, wanderte auch nicht selten nach Fréjus, gefolgt von einem Reh. Der Bischof ließ sich das Reh von ihm schenken; es blieb in Fréjus zurück. Später nun, als Laurentius wieder einmal in Fréjus war und vor dem bischöflichen Palaste sich laut unterhielt, hörte das Reh seine Stimme, sprang aus einem Fenster des Palastes zu ihm hinab und leckte seine Hände. Da fühlte der Mann sich glücklich; er empfand »*le bonheur du parfait solitaire*«, wie es in der Erzählung heißt. So auch war seine Einsiedelei stets von zahlreichen Vögeln umgeben, die er zu Zeiten der Dürre in den Vertiefungen der Felsen mit Wasser tränkte. Eines Tages überraschte er Diebe, die ihm seine Bienenstöcke geraubt hatten. Erschrocken sahen die Missethäter ihn nahen. Er aber trug ihnen auch noch die übrigen Bienenstöcke zu und rief ihnen nach, sie hätten die besten vergessen. Solche unerschöpfliche Güte rührte das Gemüth der Missethäter: sie besserten sich, so heißt es, von dieser Stunde.

Wir blieben nochmals vor der Grotte stehen und verloren uns im Anblick dieser schönen Gegend. So mag sie auch ausgesehen haben vor anderthalb tausend Jahren, als der heilige Honoratus in dieselbe blickte. Auch damals schon glänzten die rothen Porphyrfelsen so feurig im Sonnenschein, und damals schon leuchtete der ewige Schnee so blendend weiß dort jenseits auf den Alpen. Auch dasselbe Bedürfniß nach Idealen ist dem menschlichen Geiste geblieben, nur hat sich die Form derselben verändert.

Wir stiegen hinab bis zur Quelle und schlugen einen anderen Weg dann ein, um von Westen her den Gipfel des Berges zu erreichen. Wir suchten Castor zur Heimkehr zu bewegen, doch zog er es vor, bei uns zu bleiben. Freilich fühlte er sich nicht mehr verpflichtet, uns den Weg zu weisen, er ging nicht mehr vor uns her, schweifte vielmehr ab nach allen Seiten. Oft sah man ihn nicht, da war er im Gebüsch, um Vögel aufzuscheuchen; er schaute ihnen in den Lüften nach. Einmal schien er einem größeren Thier nachzujagen, vielleicht einem der vielen Füchse, die das Esterel bewohnen.

Auf dem Gipfel des Cap Roux, dem Grand Pic, der einst Vigie de Peyssarin genannt wurde, entfaltete sich vor uns ein Bild so herrlich, wie wir es kaum je gesehen. Der Eindruck, den wir empfingen, war erhaben und lieblich zugleich, malerisch und von mächtiger Wirkung. Während vom Mont Vinaigre aus unser Auge erst in der Ferne über grüne Berge das Meer erreichen konnte, hatten wir hier die blauen Fluthen zu unseren Füßen. Die grünen Abhänge des Cap Roux fallen langsam zum Meere ab; sie endigen in schroffen Felsen, die sich senkrecht in die Wellen stürzen. Dort setzen sie sich fort mit Zacken und Rissen, schneiden ein in das Meer mit scharfem Grat, fassen es in ausgehöhlte Mulden, tauchen dann wieder wie steinerne Riesen aus der Fluth empor. Das Wasser nimmt violette Töne an auf dem purpurnen Grunde: es scheint flüssiger Amethyst zu sein in einem Becken von Rosso antico. Um uns herum glühen die Felsen in hellem Sonnenschein. Gelbe und graue Anflüge, von Flechten erzeugt, tönen das satte Roth ab in unzähligen Schattirungen. Gegen diesen Vordergrund hebt sich die Ferne mit ganz eigenem Colorit ab; man wird völlig berauscht von dieser Pracht, sie klingt einem wie Musik in der Seele. Zunächst beachtet man kaum die Form der Gegenstände und läßt nur ihre Farben auf sich wirken: wie sich die Töne mischen und wie sie einander durchdringen, wie sie hier verschmelzen, dort in effectvollem Contrast von einander absetzen. Wie wunderbar glüht dieser braunrothe Coloß auf dem blauen Hintergrunde des Meeres, das hoch hinter ihm am Horizonte aufzusteigen scheint! Wie hebt sich dieser andere Porphyrfelsen von dem perlgrauen Grunde der Kalkalpen ab; dort springen wieder rothe Zacken vor gegen den leuchtenden Himmel, im Osten über Nizza krönt der blendend weiße Schnee der Alpen wie ein silbernes Diadem das grüne Vorgebirge. Ihm wenden sich immer wieder von Neuem unsere Blicke zu. Unten aber schillert am Strande das blaue Meer in purpurnen Tönen auf dem rothen Grunde; fern im Süden spiegelt es die Sonne wider und strahlt unermeßliches Licht zurück. Eine mächtige Felsenmasse im Westen deckt uns das Thal von Fréjus, hinter ihm thürmt sich das Maurengebirge in sammetgrünen Farben auf. Das Auge folgt der Küste bis zu den goldenen Inseln. Im Osten liegt vor uns der Golf de la Napoule und Cannes fast in greifbarer Nähe. Die Inseln von Lerin tauchen grün wie Smaragde hervor aus der goldigen Fluth. Wir sehen sie jetzt alle zu einer leuchtenden Gruppe vereinigt, voran die Insel St. Honorat, dann St. Marguérite, und neben St. Honorat im Osten, nur als dunkler Streifen, die kleine St. Féréol; dahinter taucht das Cap d'Antibes seine belaubten Ufer in die Fluthen; es springt so weit vor in die See, als wollte es dieses eine Meer in zwei Meere theilen. Jenseits der Baie des Anges, der breiten Engelsbucht, glänzt das weiße Nizza im Halbkreis an grünen Hügelketten, und dann erheben sich Berge hinter Bergen, bis jenseits Bordighera die Umrisse der Küste verschwimmen.

Auf Castor machte dieses Bild keinen Eindruck. Er beschnüffelt sorgsam die Steine, auf welchen, den Ueberresten nach zu schließen, von früheren Touristen manches Frühstück verzehrt worden ist. Sicherlich strengt er seine Einbildungskraft an, um die einzelnen »Menus« zu reconstruiren, – dann gähnt er zu wiederholten Malen, streckt sich aus und schläft. – Stunden vergingen, bevor wir uns entschlossen, den Abstieg anzutreten.

X.

Den Pic d'Aurelle durften wir nicht unbeachtet lassen, ihn, unseren nächsten Nachbar. Wir mußten denselben besteigen, wäre es auch nur jenem Aurelius zu Ehren, nach welchem er den Namen führt. Was für ein Aurelius das ist, dessen Name durch jenen Fels wie durch die alte römische Straße verewigt wird, das läßt sich freilich nicht mit Sicherheit sagen. Die Wahrscheinlichkeit spricht für Cajus Aurelius Cotta, weil er den Plan zu dieser großen Straße entwarf und deren Bau auch, von Rom aus, im Jahre 241 vor Christus begann. Die Straße soll er aber nur eine kurze Strecke weit ausgebaut haben; sie wurde dann von Aurelius Scaurus über Pisa und Savona fortgesetzt, von Julius Caesar endlich bis zum heutigen Arles geführt.

Wir stiegen vom Hôtel geradeaus in die Höhe, überschritten in gewohnter Weise den Bahnkörper und erreichten bald einen breiten Weg, der in westlicher Richtung den Berg umkreist. Diesem Weg mußten wir längere Zeit folgen, immer das grüne Thal vor Augen, das den Pic d'Aurelle vom Cap Roux trennt. An dem nördlichen Abhang des Cap Roux profiliren sich scharf die dunkelrothen Felsen, und deutlich ragt aus denselben der Thurm hervor, der vor der Grotte des heiligen Honoratus wacht. – Wir wählen den ersten Fußweg, der jetzt bergauf am Pic d'Aurelle sich wendet. Der Berg ist nur etwa 300 Meter hoch, läßt sich somit ohne Anstrengung besteigen. Der Blick von demselben ist jenem vom Gipfel des Cap Roux ähnlich, doch entsprechend eingeschränkt. Denn das Cap Roux deckt die ganze Küste im Westen, und nur das Thal an seinem nördlichen Abhang gestattet einen Durchblick bis zum Maurengebirge. Da sieht man im Thale des Argens auch Fréjus liegen und begreift es nun wohl, warum die Römer zunächst dieses Thal erwählten, um ihre Straße von der Küste nach Forum Julii zu führen. In östlicher Richtung schweift auch vom Pic d'Aurelle das Auge unbegrenzt über die schneebedeckten Alpen und die weite Küste. Die nackten Porphyrfelsen, die den Gipfel des Berges bilden, tief zerklüftet, gleichen den Ruinen einer Titanenburg. Mit Vorsicht nur darf man den Felsenrändern sich nähern, denn ganz unvermittelt fallen sie ab in die Tiefe.

Jede Wanderung im Esterel bot uns neue Reize. Mit seinem gepflegten Walde und seinen sorgsam unterhaltenen Wegen gleicht dieses Gebirge einem großen Parke, in welchem mit Kunstsinn, Geschmack und unerhörter Kraft die Natur mächtige Felsmassen zum Schmuck vertheilt hätte.

Castor ist unser Freund, und ungeachtet ihn Fernsichten nicht fesseln, begleitet er uns doch auf allen unseren Ausflügen; auch den Pic d'Aurelle hatte er mit uns bestiegen.

Ein Weg führt an unserem Hôtel vorbei und setzt sich in westlicher Richtung fort bis nach Agay. Auf ihm pflegen wir oft zu wandern. Er folgt allen Windungen der Küste. Zerfallene Häuser stehen an demselben. Sie bargen einst die Arbeiter, die beim Bau der Bahn beschäftigt waren. Ein hartes Stück

Arbeit, da die ganze Strecke hier aus dem Porphyr gesprengt werden mußte. Die verlassenen Häuser ließ man in Wind und Wetter zusammenstürzen. Der an das Hôtel zunächst grenzende Strand ist wiederum Aurelius zu Ehren, »plage d'Aurelle« benannt. Hier war es, wo die alte römische Straße den Strand verließ, um landeinwärts hinter dem Cap Roux im Thale aufzusteigen. Jenseits der Bucht, in welche dieses Thal mündet, kann man vom Wege aus nach Agay schon die ganze Schneekette der Alpen überblicken. Hier verlassen wir den betretenen Weg, um an dem Ufer selbst unsere Wanderung fortzusetzen. Da geht es bergauf und bergab nicht ohne Hindernisse. Einmal erklimmen wir einen steilen Fels, dann steigen wir wieder bis zum Meer hinab. Leise Wellen schlagen an das Ufer, kaum umfranst von leichtem Schaum. Durch die krystallhelle Fluth dringt unser Auge bis auf den tiefen Grund. Es sieht dort in purpurnen Mulden räthselhafte Dinge liegen, die in bunten Farben gleich Edelsteinen funkeln. Die provençalische Sonne übergießt uns mit ihrem Glanz; auch das Meer und die Felsen strahlen uns Licht entgegen. Die ganze Luft zittert über dem erhitzten Boden. Alles leuchtet und flimmert um uns her; die Ferne schwindet in goldigem Nebel, und der weiße Schnee der Alpen scheint wie über Abgründen zu schweben.

Wie kommt es nur, daß sie so rein und so klar sind, diese herrlichen Fluthen des Mittelmeeres? tragen doch Flüsse und Bäche fort und fort Schlamm und Erde dem Meere zu; nagen doch seine Wellen unaufhörlich an dem weit ausgedehnten Ufer. Die Klarheit des Seewassers wird durch seinen Salzgehalt bedingt. Trübes Flußwasser, sich selbst überlassen, braucht sehr lange Zeit, um sich zu klären, doch genügt es, eine Spur Kochsalz hinzuzufügen, damit diese Klärung äußerst rasch erfolge. Je mehr Salz das Seewasser enthält, um so blauer pflegt es auch zu erscheinen, daher das salzreiche Mittelmeer durch die Intensität seiner Färbung ausgezeichnet ist. In vierhundert Meter Tiefe erlöschen die letzten Strahlen des Lichtes, welches in das Seewasser dringt. Weiter hinab herrscht ewige Dunkelheit. Die verschiedenartigen Strahlen, welche das weiße Sonnenlicht zusammensetzen, und die unser Auge als verschiedene Farben empfindet, werden nicht gleich schnell im Meere resorbirt. In zwei Meter Tiefe ist schon die Hälfte der rothen und ein Drittel der orangegelben Strahlen verschwunden; das Licht, das tiefer dringt, ist jetzt nicht mehr weiß, es ist vorherrschend grün und blau geworden. Das bedingt die Färbung des Meeres. Da der Salzgehalt des Wassers auf den Vorgang der Strahlenabsorption einen Einfluß übt, so beeinflußt er auch die Farbeneffecte. Die glatte Meeresfläche wirft das meiste Licht unverändert zurück. Spiegelt sich in ihr die Sonne, so leuchtet sie daher in deren Glanz, während sie der Abendhimmel in Purpurtönen färbt. Von den aufsteigenden Wellen der bewegten See wird dagegen nur wenig Licht zurückgeworfen, daher uns das Meer dann besonders dunkel erscheint.

Doch es gilt Abschied von Le Trayas zu nehmen. Castor begleitet uns zur Bahn. Wir streicheln ihn vor der Trennung. Er sieht lange dem Eisenbahnzuge nach, der uns davonträgt. Sein Blick trübt sich – fast scheint es uns, er habe Thränen in den Augen.

XI.

Bald lag das Esterelgebirge hinter uns im Westen, und wir fuhren in sanftem Aufstieg dem Norden zu. Der Schienenweg führte im Thal der Siagne an Feldern von Rosen und Jonquillen, von Veilchen und von Jasmin vorbei; dann folgte er wieder grauen Olivenhainen. So erreichten wir Grasse, eine Stadt in mittelalterlichem Gewande. Sie klettert empor an den letzten Ausläufern der Alpen. In Windungen führen die Straßen in die Höhe; steile Treppen kürzen die Wege ab, Gewölbpfeiler verbinden in engen Gassen die gegenüberliegenden Häuser, damit sie den steilen Abhang nicht abwärts gleiten. Es drängen sich in solchen Gassen die Menschen an einander vorbei; stellenweise stockt der Verkehr. Der moderne Inhalt der Schaufenster an den Läden paßt nicht zu der alten Umrahmung. Manchem Hausgang entweicht ein fettiger Dampf, gewürzt mit Zwiebel und Knoblauch. Da gibt es Fritturen, unverfälschte mediterrane Wohlgerüche. Doch mit jenem Oelduft mischt sich ein anderes durchdringendes Parfüm, das an freieren Orten allein zur Geltung gelangt; es kommt vom Santalholz, das aufgeschichtet in den Parfümfabriken liegt. Seine Verarbeitung hat jetzt begonnen.

Grasse ist sehr alten Ursprungs, wurde aber zu wiederholten Malen vollständig zerstört. Sein Wiederaufbau im sechsten Jahrhundert soll eigenartiger Weise erfolgt sein durch Juden. Es waren, so heißt es, Nachkommen jener Juden, die Tiberius gegen das Jahr 19 unserer Zeitrechnung aus Rom vertrieb. Während der Judenverfolgung, die im sechsten Jahrhundert in der Provence ausbrach, gingen diese Juden zum Christenthum über und erhielten die Ruinen der alten römischen Stadt dafür zum Lohn. Sie sind es, die ihr den Namen »Gratia« gaben. Das Stadtwappen von Grasse führt ein silbernes Osterlamm in azurnem Feld; man sucht dies in Verbindung zu bringen mit der einstigen Bekehrung seiner Wiedererbauer.

Wir finden Grasse nicht schön, und auch der Ausblick von seinen Plätzen und Gärten in das ferne Meer entzückt uns nicht. Bilden doch den Vordergrund jenseits der Hügel steife und nüchterne Kasernen, die jedes ästhetische Empfinden stören. Doch anmuthig ist der Blick auf Grasse selbst, vom Garten des Grand Hôtel, den man auf der neuen Avenue Thiers, oberhalb der Stadt, in zwanzig Minuten erreicht. Die Agaven und Palmen des Gartens rahmen da die alte Stadt in wirksamer Weise ein; sie verdecken die unschönen neuen Gebäude und zeigen nur die eckigen alten Thürme und Häuser, die sich über und durch einander an den Abhang drängen.

Das, was uns nach Grasse geführt hatte, war aber auch nicht die Hoffnung, die zuvor empfangenen Natureindrücke zu steigern, vielmehr der Wunsch, einen Einblick in die hier blühende Parfümherstellung zu gewinnen. Seit mehr als hundertundfünfzig Jahren ist Grasse in dieser Richtung berühmt, und selbst weiter noch reichen seine Erfolge auf diesem Gebiete zurück. Man zeigt uns das Haus, in welchem ein Sieur Tombarelli aus Florenz schon in der zweiten Hälfte des sechzehnten Jahrhunderts ein Laboratorium für Parfümerien eingerichtet hatte. Heute ist Grasse zu einem der Hauptorte europäischer Parfümfabrikation geworden. Es stellt aber nicht die fertigen Parfüms her, so wie sie schließlich als sogenannte »Bouquets« zur Verwendung kommen, sondern die ersten Erzeugnisse für dieselben. Aus diesen einfachen Bestandtheilen mischen die eigentlichen Parfümisten erst jene verschiedenen Bouquets zusammen, wie sie eben die Mode vorschreibt oder der Geschmack der Zeit verlangt. Grasse entnimmt seine Wohlgerüche fast ausschließlich dem Pflanzenreich. Thatsächlich sind auch die meisten natürlichen Parfüms pflanzlichen Ursprungs, nur Moschus, Ambra, Bibergeil und Zibeth entstammen dem Thierreich. Neuerdings beginnt jedoch die chemische Industrie wirksam in das Parfümgeschäft einzugreifen, indem sie die wohlriechenden Stoffe in chemisch reinem Zustande darstellt. Im Besonderen ist es gelungen, das Cumarin, jenen Stoff, der den Geruch des frischen Heues bestimmt, aus Salicylaldehyd zu erzeugen. Das Verfahren ist ziemlich umständlich, der aromatisch riechende Körper, den man in farblosen, glänzenden Krystallen erhält, aber durchaus übereinstimmend mit demjenigen, den die Tonkabohnen, die Samen des Tonkabaumes (*Dipterix odorata*) von Guyana und auch die Stengel der *Liatris odoratissima*, einer in Florida wachsenden Composite, die zum Parfümiren des Tabaks und der Cigarren benutzt wird, enthalten. Mit etwa zwanzig Gramm künstlichen Cumarins erreicht man heute in der Parfümerie ebenso viel, wie mit einem Kilogramm Tonkabohnen. Ebenso verhält es sich mit dem natürlichen Wintergrünöl, das aus dem nordamerikanischen, zu den Heidengewächsen gehörenden Theebeerenstrauch (*Gaultheria procumbens*) gewonnen wird, und das jetzt vollständig durch künstlich erzeugten Salicylsäure-Methylester ersetzt ist. Nur unvollkommen gelang es hingegen bis jetzt, das in der Parfümerie vielbenutzte Bittermandelöl durch das künstliche Benzaldehyd zu verdrängen. Sehr großen Erfolg hat die Chemie mit dem Vanillin erzielt, das aus dem Saft des jungen, noch in Entwickelung begriffenen Holzes der Nadelbäume (Coniferen), doch auch aus dem im Nelkenöl enthaltenen Eugenol und verschiedenen anderen Körpern dargestellt wird. Da die Früchte der Vanille im besten Falle anderthalb bis zwei Procent Vanillin enthalten, so ist mit zwanzig bis fünfundzwanzig Gramm Vanillin in der Parfümerie reichlich derselbe Effect wie mit einem Kilo Vanille zu erreichen. Künstliches Heliotropin wird jetzt aus Safrol, dieses selbst aus japanischem Camphoröl dargestellt, außerdem aus Steinkohlentheer-Derivaten. Da aus den Blüthen des Heliotrops (*Heliotropium peruvianum* und *grandiflorum*) nur äußerst wenig Parfüm sich gewinnen läßt, so ist dieser Ersatz sehr willkommen. Den Maiglöckchen ist ihr zarter Duft überhaupt nicht abzugewinnen, daher für die Parfümerie sehr wichtig, daß jetzt ein ähnlich riechender Körper sich aus dem Terpineol gewinnen läßt. Allgemein kommt jetzt auch krystallinisches Thymol, das aber nicht aus dem Thymian, sondern aus dem Samen des ostindischen Doldengewächses *Ptychotis Ajowan* abdestillirt wird, zur Verwendung, desgleichen Menthol, welches zwar in der eigentlichen Parfümerie keine Rolle spielt, doch zur Darstellung von Migränestiften und auch von Schnupfpulver dient. Neuerdings werden zwei gleich zusammengesetzte Körper: das *Iron* und *Jonon*, deren Aroma mit demjenigen der Veilchenblüthen fast völlig übereinstimmt, künstlich erzeugt. Es genügt, ein mit diesen Körpern erfülltes Proberöhrchen zu öffnen, damit ein ganzes Zimmer mit Veilchenduft erfüllt werde. Merkwürdiger Weise riechen diese Körper nicht zu allen Zeiten gleich stark, und ähnliche Schwankungen im Duft zeigen auch frische Veilchen. Das Iron gewinnt man aus der sogenannten Veilchenwurzel, das heißt aus dem Wurzelstock von *Iris florentina*, doch es kommt sehr theuer zu stehen, da 100 Kilo Iris-Wurzelstock nur 8 bis 30 Gramm Iron ergeben. Um so werthvoller für die Parfümerie ist es, daß die Darstellung des Jonons aus Citral, einem im Citronenöl enthaltenen Körper gelang. – Vor Kurzem kam zu diesem Allen noch die künstliche Darstellung des Orangenblüthenöls hinzu. Auch den Moschus, der von den männlichen Moschusthieren stammt, hat man versucht, durch das künstlich erzeugte *Musc Baur* oder *Tonquinol* zu ersetzen, und es verbreitet sich dieses Product immer mehr.

Sehr werthvolle Parfüms werden uns auch aus wärmeren Himmelsstrichen zugeführt, so von Alters her die Balsame und in neuerer Zeit das Ylang-Ylang, welches aus den Blüthen eines zu den Anonaceen gehörenden, in Südasien cultivirten Baumes, *Cananga odorata*, gewonnen wird. Der Hauptsache nach bleibt es aber Südeuropa, dem die Parfümisten ihre besten Wohlgerüche verdanken. – Die meisten pflanzlichen Parfüms werden als ätherische Oele gewonnen, Oele, die im Gegensatz zu den fetten Oelen flüchtig sind und auf Papier einen durchscheinenden Fleck bilden, der bald wieder schwindet. Aetherische Oele werden von den Thieren nicht erzeugt. Bei den Pflanzen sind es ganz vornehmlich die Blüthen, welche den Riechstoff enthalten. Dort wirken ja Wohlgeruch und Farbe zusammen, um jene Thiere anzulocken, die den Blüthenstaub von Blüthe zu Blüthe übertragen sollen. Doch kann die duftende Substanz auch in der Wurzel der Pflanze angesammelt sein, so das Opoponax, ein Gummiharz des kleinasiatischen Doldengewächses *Opoponax Chironium*, oder es ist in dem Wurzelstock der Pflanze vertreten, so bei der »Veilchenwurzel« und dem Vetiver, welches letztere den Wurzelstock des ostindischen Grases *Andropogon muricatus* bildet. Auch das Holz der Stämme kann mit Parfüm beladen sein, so das Holz der balsamliefernden Bäume, oder das des ostindischen Santalbaumes (*Santalum album*). Die Stammrinde führt das Parfüm beim Zimmtbaum (*Cinnamomum ceylanicum*). In anderen Fällen sind es wieder die Blätter, die am stärksten duften, so bei unserer Pfeffermünze (*Mentha piperita*) oder Melisse (*Melissa officinalis*) und dem indisch-malayischen Patchuli (*Pogostemon Patchuly*); endlich können auch Früchte und Samen den Riechstoff enthalten, so bei der Vanille oder dem Kümmel.

XII.

Wir hatten uns mit den nöthigen Empfehlungen versehen und durften einige der größten Parfümfabriken von Grasse besichtigen. Das angewandte Verfahren blieb in der Hauptsache überall dasselbe. Ist der wohlriechende Stoff in bedeutender Menge in einem Pflanzentheil vertreten und in größeren Drüsen dort eingeschlossen, so kann er durch Auspressen befreit werden. In anderen Fällen wird er durch Destillation aus den Pflanzentheilen gewonnen, vorausgesetzt freilich, daß er bei der Erwärmung nicht leidet. Wo er in sehr geringen Mengen vorhanden ist, wird er von warmen oder kalten Fetten, in denen er löslich ist, aufgenommen und dann mit Alkohol denselben entzogen.

Als wir in Grasse eintrafen, ging dort die Veilchenernte zu Ende, während die Jonquillen in voller Blüthe standen. Die Veilchen enthalten nur Spuren des wohlriechenden Stoffes, so wenig, daß man auf die Behandlung der Blüthen mit Fett angewiesen ist. Im Allgemeinen wird dabei das Macerationsverfahren angewandt. Das Fett muß sehr rein sein, und wir konnten feststellen, daß die Fabriken selbst es aus frisch geschlachteten Thieren gewinnen. Dann wird es geschmolzen und durch entsprechende Behandlung mit Kochsalz und Alaun, durch Waschen, Abschäumen und Seihen durch feine Leinwand gereinigt. So nur bleibt es geruchlos und gewinnt eine Haltbarkeit, die man oft durch Zusatz von Benzoë, auch wohl von Borsäure zu erhöhen sucht. Für Salben kommen auch feine Oele, besonders Olivenöl und Mandelöl, seltener Ricinusöl, in Betracht.

Die Veilchen, die für die Parfümfabrik bestimmt sind, dürfen nicht naß sein, wenn man sie sammelt. Diese Regel gilt auch für alle anderen Pflanzen, die mit Fett behandelt werden sollen. Man pflückt die Veilchen früh am Morgen, sobald der Thau verschwunden ist, bevor die Sonne Zeit hatte, stärker einzuwirken. Gleich nach dem Einsammeln gelangen sie in die Fabrik und werden in erwärmtes Fett geschüttet, das man flüssig bei 40–50 Grad Celsius erhält. Nach einer entsprechend langen Einwirkung filtrirt man es von den Veilchen ab und versetzt es mit frischen Blumen. Das wiederholt man so lange, bis das Fett mit Veilchenduft gesättigt ist. So erhält man Veilchenpomade, deren Geruch völlig dem der Veilchen gleicht, und der man den duftenden Stoff durch Weingeist oder durch sehr gut gereinigten, geruchlosen Kornbranntwein entzieht, mit dem man sie schüttelt. Da sehr große Mengen Veilchen nöthig sind, um eine stark riechende Essenz zu gewinnen, so hat man von jeher schon nach einem Ersatz für Veilchen gesucht. Daher die »Veilchenwurz« statt Veilchen in Sachets so allgemeine Verwendung findet. Geschälte und getrocknete Stücke des nämlichen Wurzelstockes von Iris wurden auch, wie Plinius erzählt, schon zu römischen Zeiten den zahnenden Kindern um den Hals gehängt, so wie es noch heute geschieht.

Jetzt wo das Jonon entdeckt ist, dürften aus der Gegend von Grasse die Veilchenfelder verschwinden.

Der stark duftenden gelben Jonquille (*Narcissus Jonquilla*) wird das Aroma ebenfalls durch Fett entzogen, doch in anderer Weise, nach einem Verfahren, das man als »Enfleurage« bezeichnet. Wir fanden ganze Räume in den Fabriken mit aufeinander gelagerten viereckigen Holzrahmen erfüllt. In jeden derselben ist eine Glasscheibe gefaßt, die einseitig mit Fett überzogen wird, doch so, daß es nur eine ganz dünne Schicht auf dem Glase bildet. Auf dieses Fett legt man die Jonquillen und läßt sie so lange mit ihm in Berührung, bis aller Duft extrahirt ist. Das dichte Zusammenschließen der aufeinander gelegten Rahmen verhindert ein Entweichen desselben in die Umgebung. Die Blüthen werden auch hier wiederholt erneuert, bis schließlich die Pomade fertig ist, aus der man dann mit Weingeist den Jonquillen-Extract herstellt.

Da die Jonquillen nicht in größeren Mengen bei Grasse angepflanzt werden, stockte die Arbeit mit frischen Blumen zur Zeit in den Fabriken. Die Orangenblüthen, die Rosen, Heliotrop und Reseda kommen erst im Mai, daher man jetzt das Santalholz in Angriff genommen hatte. Wir sahen große Massen dieses kostbaren braunen Holzes in den Lagerräumen aufgespeichert. Es steht hoch im Preise, denn auch in seiner ostindischen Heimath wird es sehr geschätzt. Man verfertigt dort kunstvoll geschnitzte Möbel, vor Allem aber Schreine aus Santalholz. Denn sein Duft hält die Insekten fern und verscheucht selbst die weiße, Alles zerstörende Ameise. Die Buddhisten verbrennen große Mengen Santalholz als Räucherwerk, und stellenweise sind die Santalbäume in Folge dessen ganz ausgerottet worden. In den Fabriken wird das Santalöl durch die Destillation des zerkleinerten Holzes mit Wasser gewonnen. Das Oel geht mit dem Wasserdampf aus der Blase des Destillationsapparates in den Kühler über und fließt mit dem Wasser zusammen in die Vorlage. Aus fünfzig Kilogramm Holz wird annähernd ein Kilogramm Oel gewonnen, das dementsprechend theuer ist und nur für feine Parfüms Verwendung findet.

Im Mai füllen Orangenblüthen die Stadt Grasse mit ihrem betäubenden Dufte. Zwei bis dreimal hunderttausend Kilogramm Blüthen des bitterfrüchtigen Orangenbaumes werden hier für Parfüms verarbeitet. Die Blüthen riechen lieblicher und stärker als die der süßfrüchtigen Art und werden daher fast ausschließlich verwandt. Ein Baum von zwanzig bis dreißig Jahren liefert fünfzehn bis zwanzig Kilogramm Blüthen. Aus hundert Kilogramm werden durch Destillation etwa vierzig Kilogramm Orangenblüthenwasser und etwa hundert Gramm Orangenblüthenöl oder Neroliöl gewonnen. Völlig unverändert gibt die Orangenblüthe bei dem Macerationsverfahren oder bei der Enfleurage ihren Duft an das Fett ab. So erhält man die Orangenblüthenpomade und, nach Behandlung derselben mit Weingeist, die Orangenblüthenessenz. Das Orangenblüthenöl, sowie die Orangenblüthenessenz, sind immer noch theuer, weil ihre Herstellung große Mengen von Blüthen verlangt. Die Preise werden freilich jetzt auch auf diesem Gebiete, wie auf so vielen anderen, durch Ueberproduction gedrückt. Es stellen sich daher Zeichen der Entmuthigung unter den Producenten ein, welche die Parfümfabriken versorgen. Wie wird es jetzt erst werden, wo das künstliche Neroliöl angekündigt ist. Wohl möglich, daß überhaupt an manchen Orten der Riviera mit der Zeit die Cultur der Parfümerie-Pflanzen ganz aufgegeben wird. Doch auch die Zucht von Blumen für den Versand weist schon Ueberfluß der Erzeugung auf. Als der Bedarf nach solchen Blumen stieg, beeilten sich die Landbesitzer, ihre Olivenbäume zu fällen und Blüthenpflanzungen an deren Stelle anzulegen; jetzt wissen sie kaum, wo sie ihre Blüthen unterbringen sollen. Die hohe Temperatur förderte zudem im letzten Frühjahr die rasche Entwickelung der Pflanzen, und so kam es, daß man auf den Märkten der Städte zu einem kaum nennenswerthen Preise, sich mit großen Sträußen der herrlichsten Blumen beladen konnte.

Wesentlich billiger als Neroliöl ist begreiflicher Weise das durch Destillation der Blätter oder unreifen Früchte des bitterfrüchtigen Orangenbaumes gewonnene Petitgrainöl. Es steht an Zartheit des Duftes dem Neroliöl aber bedeutend nach. Das aus den Blüthen der **süßen** Orange hergestellte Parfüm zeichnet sich wiederum durch besondere Eigenschaften aus und wird als Neroli-Portugalöl bezeichnet. – Das den frischen Schalen reifer Früchte des süßfrüchtigen Orangenbaumes entstammende Pomeranzenöl wird im Winter gewonnen. Wie viel ätherisches Oel in den Orangenschalen vorhanden ist, davon kann man sich überzeugen, wenn man eine solche Schale in der Nähe einer Flamme zusammendrückt. Das leicht entzündliche Oel sprüht dann entbrennend aus den Drüsen hervor. Die Oeldrüsen in der Schale erkennt man schon mit dem bloßen Auge.

In der Parfümerie findet nur das Oel der süßen, nicht der bitteren Orangenschalen Verwendung. Das Verfahren bei der Gewinnung im

Großen ist das der Pressung. Entweder kommt die Schwammmethode in Anwendung, wobei der Arbeiter die Schalen, die er langsam unter Druck zwischen den Fingern durchrollt, gegen einen Schwamm preßt; oder das Verfahren der sogenannten Ecuelle, wobei die Frucht unter beständigem Drehen gegen die Innenfläche eines flachen Trichters, der zahlreiche Nadeln entspringen, gedrückt wird. Das gewonnene Oel preßt man im ersten Falle aus dem Schwamme heraus, im zweiten fließt es von selbst durch die Oeffnung des Trichters ab. In ganz entsprechender Weise gewinnt man auch feines Bergamottöl aus den reifen Früchten des Bergamottcitronenbaumes (*Citrus Bergamia*). Das weniger feine Bergamottöl befreit man hingegen aus den Früchten durch Destillation. Feines Bergamottöl wird in der Parfümerie sehr geschätzt; die Riviera erzeugt es nur in geringer Menge; es kommt vornehmlich aus Reggio und Messina.

Dies sind im Allgemeinen die Darstellungsarten, die bei der Gewinnung der Riechstoffe in Anwendung kommen. Das Verfahren wird freilich im Einzelnen abgeändert. So schüttet man oft die Blumen nicht unmittelbar in das geschmolzene Fett, hängt sie vielmehr in Drahtkörben in die Gefäße, durch die man warmes Fett fließen läßt. Es kann andererseits auch erwünscht sein, daß die Blüthen nicht unmittelbar mit dem Fett in Berührung kommen, weil Letzteres nicht allein den Riechstoff, sondern auch andere Substanzen aus den Blüthen aufnimmt. Dann werden die Glasscheiben durch verzinnte Drahtnetze in den Holzrahmen ersetzt. Auf ein solches Drahtnetz werden die Blüthen gestreut, das nächste erhält das Fett, und so immer abwechselnd. Das Fett wird in diesem Fall zu nudelartigen Fäden ausgearbeitet, um möglichst viel Oberfläche zu gewinnen. Die Rahmen schiebt man in einen Schrank, in welchem Blasebälge die Luft in langsamer Bewegung erhalten. So streicht der Duft an den feinen Fettfäden vorüber und wird von ihnen absorbirt. Die Blüthen auf den Rahmen ersetzt man nach Bedarf durch neue. – Soll der wohlriechende Stoff durch ein Oel aufgenommen werden, so wirft man die Pflanzentheile in dasselbe hinein oder hängt sie in Tüchern in das Oel, oder breitet sie endlich auf Tüchern aus, die mit Oel getränkt sind: so erhält man die »*huiles antiques*«. Von großer Bedeutung ist für die Parfümindustrie das nachträgliche Reinigen ihrer Essenzen, was meist durch wiederholte Destillation geschieht. Viel Umsicht und Erfahrung sind nöthig, damit der Duft bei der Reinigung nicht leide.

Es sieht übrigens aus, als wenn der bisherigen Gewinnungsweise des Parfüms eine Umwandlung oder doch zum Mindesten eine Erweiterung bevorstehen sollte. Der Petroleumäther scheint berufen, mehr oder weniger die Fette zu verdrängen. Neue Fabriken werden auf dieses Verfahren bereits eingerichtet. Der Petroleumäther entzieht der Pflanze im Wesentlichen nur das Parfüm. Da er leicht siedet, läßt er sich außerdem unschwer von dem Parfüm dann trennen. Ein Kilo Essenz bedeutet aber mehr als hundert Kilo der jetzigen

Pomade. Die Zukunft muß zeigen, ob die Benutzung des Petroleumäthers wirklich in allen Fällen zulässig ist.

Die Möglichkeit, den Pflanzen ihren Wohlgeruch durch Fett zu entziehen, gestattet es auch im Kleinen, die feinste Pomade aus Pflanzen, die sonst vielleicht nutzlos im Garten verblühen würden, herzustellen. Möglichst reines Fett, das man auf eine Scheibe streicht, und ein gut verschließbarer Kasten, in den man die Scheibe legt, reichen aus, um den Erfolg zu sichern. Man muß die Blüthen, mit den Kronen abwärts gekehrt, auf das Fett lagern, den Kasten dann verschließen und die Blüthen erneuern, bevor sie welk geworden. Der Name Pomade oder vielmehr Pommade rührt von Apfel »*pomme*« her und war dadurch veranlaßt, daß man früher Aepfel zur Herstellung solcher duftender Fette verwandte. Ein Apfel wurde mit wohlriechenden Gewürzen, vornehmlich mit Nelken, gespickt und, nachdem er einige Tage an der Luft gelegen, in Fett eingeschmolzen. Erschien das Fett durch den ersten Apfel nicht ausreichend parfümirt, so ließ man ihm einen zweiten folgen.

Man sieht um Grasse viel Rosen, die für die Parfümfabriken gezogen werden. Es sind das nicht solche, wie sie im Winter versandt, die Blumenläden ganz Europas jetzt schmücken, vielmehr Centifolien und Damascenerrosen. Man pflückt die im Oeffnen begriffenen Blüthen am Morgen, sobald der Thau verschwindet. Die Erntezeit fällt in den Mai und Juni. Jeder Rosenstock liefert in Grasse durchschnittlich zwei bis dreihundert Gramm Blüthen, doch tausend Kilogramm ergeben kaum hundertundfünfzig Gramm Rosenöl. Da darf man sich nicht wundern, daß ein Kilogramm Rosenöl über tausend Francs kostet. Das Rosenöl wird durch Destillation der Blumenblätter der Rose mit Wasser oder Wasserdampf gewonnen; es sammelt sich auf der Oberfläche des Destillates allmälig an. Das Rosenwasser ist das unmittelbare Product der Destillation einer bestimmten Menge von Rosenblumenblättern mit Wasser. Die ätherischen Oele sind zwar fast unlöslich in Wasser, immerhin nimmt dieses hinlänglich viel von den Oelen auf, um nach ihnen zu duften. So verhält es sich beim Rosenwasser, dem Orangenblüthenwasser und sonstigen aromatischen Wässern. Die Rosen von Grasse werden mehr zur Herstellung von Rosenpomade, als von Rosenöl und Rosenwasser verwandt. Die durch Maceration von Rosenblumenblättern in Fett erhaltene Pomade besitzt den unveränderten Duft der Rose, während der Wohlgeruch des Rosenöls von demjenigen der frischen Blumen etwas abweicht. Aus der Pomade wird mit Alkohol das »*Esprit de Rose*« extrahirt, wohl unstreitig eines der feinsten Parfüme, welche existiren. Kaum ein Wohlgeruch der Welt ist so beliebt wie derjenige der Rosen, und wer einmal den Orient bereiste, wird sich des aus Rosen und Verwesung gemischten Duftes erinnern, den die Straßen im Sonnenlichte aushauchen. Wer da freilich meint, in den Bazaren des Orients reines Rosenöl in jenen langgezogenen goldverzierten

Fläschchen, die dort feilgeboten werden, mit nach Hause gebracht zu haben, der ist einer argen Täuschung unterworfen. Türkisches Rosenöl ist fast immer verfälscht, und zwar für gewöhnlich mit Palmarosaöl oder indischem Geraniumöl, das in Ostindien aus dem Geranium- oder Kusagras (*Andropogon Schoenanthus*) durch Destillation erhalten wird. Der indische Destillateur sorgt andererseits meist dafür, daß auch sein Palmarosaöl schon mit einem anderen Oel, besonders Cocosöl, gefälscht sei. So dürfte es in Deutschland zu empfehlen sein, das Fläschchen aus dem Orient daheim erst mit echtem Rosenöl zu füllen. Werden doch Rosen zum Zweck der Rosenölgewinnung nicht allein in Deutschland, sondern auch in England in großem Maßstabe gezogen. Die um die Darstellung ätherischer Oele und Essenzen so hoch verdienten Gebrüder Fritzsche, Inhaber der Leipziger Firma Schimmel & Co. hatten, wie Georg Bornemann in seinem Werk über die flüchtigen Oele angibt, im Jahre 1884 zum ersten Mal aus deutschen Rosen drei Kilogramm Rosenöl gewonnen. Sie legten ausgedehnte Rosenpflanzungen in Groß-Miltitz bei Leipzig an, und diese lieferten, außer anderen Erzeugnissen, im letzten Jahre (1894) 42 Kilogramm Rosenöl. Ich entnehme diese Angabe den Berichten, welche die genannte Firma alljährlich veröffentlicht und aus denen man nicht allein einen Begriff von der Großartigkeit des Betriebes in dieser Fabrik gewinnt, sondern auch über den rationellen Geist und das wissenschaftliche Streben, das sie bei ihren Unternehmungen leitet. Im Jahre 1893 erstreckte sich das Rosenfeld der Fabrik über zwanzig Hectare, an die sich weite Reseda- und Pfeffermünzculturen anschlossen. Zu diesen haben sich seitdem Estragon, Wermuth, Liebstock und Angelica gesellt. Aus je hundert Kilogramm frischer Rosen lassen sich zwanzig Gramm Rosenöl darstellen. Es wurden im letzten Jahre somit nicht weniger als 200 000 Kilogramm Rosen auf Rosenöl verarbeitet. Das ist für eine einzige Fabrik schon eine sehr erhebliche Leistung, welche freilich gegen die Gesammtproduction des Rosenöls noch wenig in die Wagschale fällt. Denn das Hauptland dafür, Bulgarien, liefert jährlich allein gegen zweitausend Kilogramm Rosenöl.

Das Palmarosaöl riecht nicht rein nach Rosen, es duftet vielmehr wie ein Gemisch von Rosen und Citronen. Fast rein rosenartig ist hingegen der Duft des Geraniumöls, das aus den Blättern des Rosen-Geraniums gewonnen wird. Davon kann man sich schon überzeugen, wenn man ein Blatt dieser Pflanze, die auch bei uns nicht selten in Töpfen cultivirt wird, zwischen den Fingern zerdrückt. Streng genommen hat man es nicht mit Geranien, sondern mit Pelargonien dabei zu thun, und zwar mit mehreren Arten derselben, hauptsächlich mit *Pelargonium capitatum*, *odoratissimum* und *radula*. Die Art, welche an der Riviera gezogen wird, ist *Pelargonium capitatum*. Gegen früher hat dort freilich diese Cultur jetzt sehr abgenommen, da der Wettbewerb mit Algier nicht auszuhalten ist. Man mäht an der Riviera die Pflanzen von Mitte August an bis Mitte September und liefert sie so frisch als möglich den Fabriken ab. Die Firma Schimmel & Co. erzielt jetzt bedeutende Erfolge mit Rosen-Geraniol. Sie destillirt reines Geraniol, das sie aus Citronella-Grasöl gewinnt, so lange über frisch gepflückten Rosen, bis es mit Rosenöl gesättigt ist und dann in der That dem Rosenöl fast entspricht.

In den Gärten der Riviera begegnet man oft einer Verbene, der *Verbena triphylla* oder *Lippia citriodora*, die auch als Citronelle oder Citronenkraut bezeichnet wird. Man findet diesen schönen Strauch schon in den Gärten an den italienischen Seen und hat wohl Gelegenheit, im Herbst die Rispen seiner violett angehauchten kleinen Blüthen zu sehen. Zerreibt man seine Blätter zwischen den Fingern, so verbreiten sie einen feinen Duft, der die Mitte zwischen Citronen, Melissen und Verbenen hält. Dieser aus Persien stammende Strauch wird auch in größerem Maßstab an manchen Orten der Riviera gezogen und aus seinen Blättern das echte Verbenaöl destillirt, das die Parfümisten sehr schätzen. Echtes Verbenaöl ist freilich sonst schwer zu haben und wird im Allgemeinen durch das Citronen-Grasöl ersetzt, das wir jener Grasgattung, *Andropogon*, danken, deren Arten so viele wohlriechende Öle liefern. Das Citronen-Grasöl wird von *Andropogon citratus* gewonnen, der jetzt besonders auf Ceylon und in Singapore angebaut wird. Weit ausgedehnter betreibt man an denselben Orten die Cultur des *Andropogon nardus*, von dem das melissenartig riechende Citronella-Grasöl abstammt. Dieses findet für das Parfümiren der Seifen jetzt sehr starke Verwendung und bildet den Hauptbestandtheil des Parfüms der Honigseifen. Von dem Umfang der Citronella-Grasöl-Production geben die Berichte von Schimmel & Co. eine Vorstellung, da diese Firma auf einmal Sendungen von 10 000 Kilogramm dieses Öles aus Ceylon erhält.

Der Reseda entzieht man den Duft durch Enfleurage, dem Thymian, der Salbei, dem Rosmarin, dem Lavendel und der Melisse durch Destillation. Salbei, Thymian, Rosmarin und Lavendel werden an der Riviera kaum cultivirt; man pflückt sie an ihrem natürlichen Standort, besonders am Fuße der Berge. In der Gegend von Agay zogen eines Tages vor uns Frauen auf der Straße mit großen Ladungen Thymian auf den Köpfen. Sie hatten ihn an den Abhängen des Esterel gesammelt. Der Wind blies in unserer Richtung und bildete einen Streifen von Duft, der sich über Hunderte von Schritten ausdehnte. Diese wild gewachsenen Pflanzen werden zwar auch vorwiegend in den Fabriken verarbeitet, zum Theil aber schon im Freien, gleich beim Einsammeln destillirt, in Apparaten, die man von Ort zu Ort befördert. Viel Rosmarinöl wandert von hier aus nach Köln, um bei der Darstellung von Kölnischem Wasser benutzt zu werden. Das *Eau de Cologne* enthält gelöst in 85 % Weinspiritus gleiche Mengen gepreßtes Orangen- und Citronenschalenöl, fast ebenso viel Neroliöl, dann etwa halb so viel Bergamottöl, endlich, nochmals um die Hälfte weniger, Rosmarinöl. Man wird freilich nicht sofort gutes Kölnisches Wasser erhalten, auch dann nicht, wenn man nach bester Vorschrift die feinsten Oele in vorzüglichem Weinspiritus auflöst. Der Schmelz des Duftes stellt sich erst nach längerer Zeit ein. Praktische Erfahrungen hatte man in dieser Richtung schon lange gesammelt, in wissenschaftliche Erörterung wurde die Wirkung der Lagerung erst in den letzten Zeiten gezogen. Am Einfachsten zeigt sie sich zum Beispiel bei einem Schenkbranntwein, der durch Verdünnung von achtzigprocentigem Spiritus auf dreißigprocentigen gewonnen wurde. Solcher Schenkbranntwein, frisch dargestellt, mundet dem Trinkenden nicht, selbst wenn dieser nicht zu den größten Feinschmeckern gehört. Auch der Schenkbranntwein muß erst gelagert haben. Daß der Wein durch Lagerung seine »Blume« erhält, ist allgemein bekannt. Es findet also sicher bei der Lagerung eine gegenseitige chemische Einwirkung der gelösten Bestandtheile auf einander statt, und es müssen neue Verbindungen entstehen. Ihre Bildung erfordert völlige Ruhe und kann durch anhaltende Bewegung verhindert werden, ja es kommt vor, daß schon erzeugte Verbindungen dadurch vorübergehend oder dauernd wieder zerstört werden. Nach der Ansicht von Prof. Knapp schließen diese Vorgänge an solche an, welche die organische Chemie als Addition, Substitution, Spaltung und dergleichen bezeichnet. Es müssen somit auch in gemischten Parfüms durch Lagerung erst diejenigen Verbindungen entstehen, welche das erwünschte Zusammenwirken der einzelnen Düfte bedingen. Der Ursprung des Kölnischen Wassers ist etwas fraglich; meist wird seine Erfindung Johann Maria Farina, einem Italiener aus Sancta Maria Maggiore bei Domo d'Ossola, zugeschrieben, der zu Anfang des vorigen Jahrhunderts in Köln einen Handel mit Parfüms und Colonialwaaren betrieb. Erst gegen Mitte des vorigen Jahrhunderts gelangte das Kölnische Wasser zu allgemeiner Verbreitung und verdrängte das »*Eau de la reine de Hongrie*« oder Ungarwasser, welches ähnlich zusammengesetzt war, aber auch Rosenöl, Citronenöl, Citronellaöl und eine Spur Pfeffermünzöl enthielt.

Bei unseren Wanderungen um Grasse sind wir Jasminpflanzungen am Häufigsten begegnet. Das zeigt, welche hohe Bedeutung dieser Pflanze für die dortigen Parfümfabriken zukommt. Meist waren die Jasminfelder an südlichen Abhängen terrassenförmig angelegt. Die gegen zwei Meter hohen, reich verzweigten, mit zusammengesetzten, immergrünen Blättern bedeckten Sträucher hatten auch vereinzelte Blüthen aufzuweisen und ließen sich als die aus Ostindien stammende Art *Jasminum grandiflorum* bestimmen. Die Blüthen duften lieblich, sind ziemlich groß, rein weiß auf ihrer Innenseite, von Außen etwas roth angehaucht. Die eigentliche Blüthenzeit beginnt erst im Juli und dauert bis in den Oktober. Je tausend Stöcke liefern bis fünfzig Kilogramm Blüthen. Verarbeitet werden in Grasse davon bis 80 000 Kilogramm, die einen Werth von 140 000 Francs darstellen. Man entzieht den Blüthen ihren Duft durch Enfleurage; die Menge des Riechstoffes, den sie enthalten, ist aber so gering, daß man dieselbe

Fettschicht bis fünfzig Mal mit neuen Blüthen bestreuen muß. Aus der Jasminpomade wird mit feinstem Weingeist Jasminextract gewonnen. Die geschätztesten Taschentuchparfüms enthalten solchen Extract. Man stellt auch ein »*huile antique au Jasmin*« dar, indem man auf wollene, mit Olivenöl getränkte Zeuglappen zu wiederholten Malen frische Jasminblüthen streut und dann das Oel aus ihnen ausdrückt. Dieses Jasminöl ist in Frankreich sehr beliebt.

Eine wichtige Rolle in der Parfümerie spielen auch die Blüthen der *Acacia Farnesiana*, eines Bäumchens, das zu bewundern wir im La Mortola-Garten schon Gelegenheit hatten. *Acacia Farnesiana* wird in Grasse nur in beschränktem Maße angebaut, liefert aber immerhin 30–40 000 Kilogramm Blüthen im Jahre; große Pflanzungen dieser Art finden wir in Algerien. Die kugeligen, dunkelgelben Blüthenköpfchen, die »*Cassie*«, werden vom September bis in den December gepflückt, wozu jedoch viel Uebung und Geschick gehört, da die Pflanzen sehr dornig sind. Der zarte, veilchenartige Duft dieser Blüthen wird durch Enfleurage fixirt. Die gewonnene Essenz hat für die Zusammensetzung der »Bouquets« einen sehr hohen Werth.

Endlich darf auch die Tuberose (*Polyanthes tuberosa*) nicht unerwähnt bleiben, dieses zu der Familie der Amaryllideen gehörende Knollengewächs, das man bei uns wegen seines starken Duftes und seiner schönen weißen Blüthen so gerne auf Blumentischen und in Blumensträußen sieht. Die Pflanze stammt aus Centralamerika; wir bekommen sie meist nur mit den gefüllten weißen Blüthen zu sehen, die besonders kräftig am Abend duften, wie es denn überhaupt eine weit verbreitete Erscheinung ist, daß Blüthen nicht um alle Tageszeiten gleich starken Duft verbreiten. Wer wird nicht bemerkt haben, daß die Daturen und Nicotianen, die Nachtviolen (*Hesperis matronalis*), die langblumige Wunderblume (*Mirabilis longiflora*) unserer Gärten am Tage fast gar nicht riechen, am Abend aber einen durchdringenden Duft aushauchen. Umgekehrt duften Seerose (*Nymphaea alba*), die Kürbisblüthe (*Cucurbita Pepo*), die Ackerwinde (*Convolvulus arvensis*) nur am Tage. Ein solches Verhalten hat für diese Pflanzen Bedeutung, sie duften bei Nacht oder am Tage, je nachdem sie Nacht- oder Tagesinsecten zur Uebertragung ihres Blüthenstaubes brauchen. Sehr viele Tuberoseblüthen gehören dazu, um ein wenig Fett mit ihrem Duft zu sättigen; daher auch dieser Extract, wie so viele andere feine Parfüms, hoch im Preise steht. Bei uns könnte man den spanischen Flieder (*Syringa vulgaris*), statt der Tuberose verwenden, um ein sehr ähnliches Parfüm zu gewinnen, denn das Fett entzieht dem Flieder einen ganz entsprechenden Wohlgeruch.

Es sind nicht die als Parfüme anerkannten Pflanzendüfte allein, deren sich die Parfümerie zu ihren Zwecken bedient. So kommt für manche Erzeugnisse auffälliger Weise der Gurkengeruch in Betracht. Man stellt zu diesem Zwecke eine Essenz her, und zwar indem man über frisch geschnittenen Gurkenscheiben mehrmals denselben Alkohol destillirt. Mit solcher Essenz wird Coldcream parfümirt und erhält durch dieselbe das frische Aroma, welches man an dieser Salbe schätzt.

Nicht unerwähnt möchte ich lassen, daß ein ätherisches Oel auch aus dem Knoblauch durch Destillation gewonnen wird. Dieses Oel dient nun freilich nicht zum Parfümiren, so sehr man das auch manchmal in Südeuropa oder im Orient glauben könnte; wohl aber wird es innerlich als Mittel gegen Würmer eingenommen. Die Firma Schimmel & Co., welche dieses, sowie überhaupt fast alle flüchtigen Oele, die irgend welche Anwendung gefunden haben, herstellt, empfiehlt das Knoblauchöl auch als Küchengewürz. Von dem concentrirten Duft dieses lieblichen Oeles wird man sich eine Vorstellung machen, wenn man sein Verhältniß zum Knoblauch selber erwägt: aus sechzehn Kilogramm Knoblauch werden nur zehn Gramm Oel gewonnen!

Hingegen spielen Aetzammoniak, der sogenannte Salmiakgeist, und kohlensaures Ammoniak, trotz ihres ätzenden Geruchs in der Parfümerie eine nicht unwichtige Rolle. Sie dienen zur Herstellung der parfümirten Riechsalze. Auch der Geruch des Schnupftabaks rührt vornehmlich vom Ammoniak her, außerdem werden die Schnupftabake häufig noch mit anderen wohlriechenden Körpern aromatisirt. Nicht minder wird Essigsäure in der Parfümerie verwendet, und ihre Eigenschaft, ätherische Oele zu lösen, benutzt, um parfümirte Essige darzustellen.

XIII.

Die ätherischen Oele wirken wie Gifte auf unseren Körper ein, wenn sie innerlich in großen Dosen oder zu häufig eingenommen werden. Daher auch der Mißbrauch mancher Liqueure nicht allein durch den Alcohol, den sie enthalten, sondern auch durch die flüchtigen Oele, mit denen sie parfümirt sind, nachtheilige Folgen bringt. Geradezu gefährlich kann das Kölnische Wasser werden, wenn es getrunken wird. Der Arzt kommt oft nur durch Zufall dahinter, daß eine solche stille, geheim gehaltene Neigung bei seiner Patientin die Ursache der räthselhaften Krankheitserscheinungen ist. – Viele, doch bei Weitem nicht alle flüchtigen Oele wirken, innerlich verordnet, antiseptisch, und werden besser von unserem Körper als von den niederen Organismen ertragen, die es oft in unserem Körper zu bekämpfen gilt. Daher die Benutzung mancher flüchtigen Oele zu ärztlichen Zwecken. – Die flüchtigen Oele nehmen Sauerstoff aus der Luft auf und erfahren dabei eine Oxydation. Bei manchen dieser Oele verläuft der Oxydationsvorgang sehr rasch und zwar um so rascher, je feiner sie in der Luft vertheilt werden. Licht und Feuchtigkeit fördern diesen Vorgang, bei welchem in der Luft das gasförmige Ozon oder das gleich wirksame flüssige Wasserstoffsuperoxyd entstehen. Ihnen ist der belebende Einfluß zuzuschreiben, den weingeistige

Lösungen von flüchtigen Oelen, im Zimmer verstäubt auf die Athmenden ausüben. Besonders stellt sich diese Wirkung ein beim Verstäuben jener flüchtigen Oele, welche die Chemie als Terpene zusammenfaßt, weil sich diese an der Luft am schnellsten oxydiren.

Physiologisch interessant ist es, an Parfüms die hohe Leistungsfähigkeit unseres Geruchssinns zu erproben. Einige Milligramm Moschus reichen aus, um einen Raum, der häufig gelüftet wird, Jahre lang mit Moschusduft zu erfüllen. Wir riechen diesen Moschus, und doch kann er in jener Luft, die uns umgibt, nur in unnennbar geringen Mengen vorhanden sein. Directe Versuche, die Passy mit alkoholischen Lösungen stark riechender Substanzen anstellte, haben ergeben, daß fünfhundert Tausendstel eines Milligramms Vanillin ausreichen, um ein Liter Luft merklich zu parfümiren. Derselbe Effect wird schon mit fünf Tausendstel Milligramm Camphor erreicht; von dem künstlichen Moschus reichten gar fünf Millionstel eines Tausendstels Milligramm aus, um wahrgenommen zu werden. Will man diese Menge in Zahlen ausdrücken, so ergibt das 0,000 000 000 005 Gramm. Dabei steht die Leistungsfähigkeit des Geruchssinns beim Menschen gegen diejenige vieler Thiere noch bedeutend nach.

XIV.

»*Die Toiletten-Chemie*« von Heinrich Hirzel, ein Buch, dem ich auch sonst noch manche Belehrung verdanke, enthält die Angabe, daß Europa an flüssigen Parfüms allein jährlich über eine Million Liter verbraucht. An der Deckung dieses Bedarfs ist Grasse mit etwa 100 000 Kilogramm Lavendelöl, halb so viel Thymianöl, 25 000 Kilogramm Rosmarinöl, 2000 Kilogramm Neroliöl und sehr beträchtlichen Mengen anderer Oele und Extracte betheiligt. Nicht wenig wird Grasse in der Parfüm-Erzeugung durch das benachbarte Cannes unterstützt, das mehrere Parfümfabriken besitzt und Hunderte von Arbeitern in ihnen beschäftigt. Der Verbrauch an Parfüms in Europa, wiewohl immer noch groß, ist doch beträchtlich zurückgegangen und wird, wenn überhaupt, nur in discretester Weise geübt. So verhält es sich auch in anderen kühlen Ländern, während die heißen Erdstriche noch immer ein hohes Bedürfniß nach persönlichem Parfüm bekunden. Obenan in dieser Beziehung steht der Orient, dessen Leistungen trotzdem noch gegen diejenigen des classischen Alterthums bedeutend zurückstehen. Bezeichnend für jene Zeit ist die Erzählung des Plinius, daß an Lucius Plocius der Duft zum Verräther geworden sei. Dieser Lucius Plocius, dessen Bruder Lucius Plancus zweimal das Consulat bekleidet hatte, wurde von den Triumvirn geächtet und mußte fliehen. Er verbarg sich im Salernitanischen, wo man ihn entdeckte, weil er so stark nach Salben roch. Er mußte den Tod erleiden, was Plinius nicht ohne einige Genugthuung erzählt, so empörte ihn der Mißbrauch, den man mit Parfüms damals trieb. Daß heute Jemand von wohlriechenden Salben und Oelen triefen sollte, wie es im Orient und in

Griechenland zu alten Zeiten oft der Fall war, können wir uns kaum vorstellen. Wir empfinden eine entschiedene Abneigung selbst gegen fettige Hände und suchen solche möglichst rasch zu säubern. Oel oder Pomade werden allenfalls noch im **Haar** geduldet, sonst nur alkoholische Extracte benutzt. Im Alterthum parfümirte man sich hingegen ausschließlich mit duftenden Oelen. Das erste flüssige Parfüm, wie wir es jetzt benutzen, soll Mercutio Frangipani dargestellt haben, der ein von seinen Vorfahren erfundenes, aus Gewürzen und Moschus zusammengesetztes Riechpulver mit starkem Weingeist extrahirte. Dieser Frangipani gehörte einem römischen Adelsgeschlecht an, das sich im zwölften und dreizehnten Jahrhundert in den Kämpfen der Guelfen und Ghibellinen ausgezeichnet hatte. Daß die Neigung, sich mit Wohlgerüchen zu beschäftigen, in diesem Geschlechte fortlebte, geht aus der Angabe hervor, daß ein späterer Nachkomme der Frangipani in Frankreich, der Marquis de Frangipani, Feldmarschall unter Ludwig XIII., eine Art parfümirter Handschuhe einführte, die »*Gants à la Fragipane*« genannt wurden.

Die Griechen lernten es von den Orientalen, ihren Körper mit duftenden Oelen einzusalben. Plinius möchte ohne Weiteres die Erfindung der wohlriechenden Salben den Persern zuschreiben. Ihr König Darius soll in seinem Trosse nicht weniger als vierzig Salbenbereiter geführt haben; sie geriethen in die Gewalt Alexanders. Aus der Beute, welche dieser damals machte, stammte, nach Plinius, auch jener mit Gold, Perlen und Edelsteinen besetzte Salbenschrein, in welchem Alexander die Werke Homers aufbewahren ließ, damit, so sagte er, das werthvollste Werk des menschlichen Geistes auch die kostbarste Hülle erhalte. In Griechenland galt die Benutzung wohlriechender Salben immerhin als Verweichlichung; der echte Mann verpönte sie und rieb sich in den Gymnasien mit reinem Oele ein.

Theophrast, Plinius und Dioscorides haben uns erzählt, wie die wohlriechenden Salben im Alterthum hergestellt wurden. Man mischte die Aromata mit den Oelen und erwärmte sie zusammen. Theophrast gab schon im dritten Jahrhundert v. Chr. an, man solle die Operation im Wasserbade vornehmen, um ein Anbrennen der Aromata zu verhindern. Als Oel diente vor Allem das der Olive, das man kunstvoll reinigte und bleichte, auch aus noch unreifen Früchten preßte, um es möglichst farblos zu erhalten. Außerdem wurde das Oel aus süßen und bitteren Mandeln, Sesamöl, Ricinusöl und Behenöl benutzt. Das letztere schätzte man ganz besonders, weil es geruchlos ist und nicht leicht ranzig wird. Auch heute würde man es zu Haarölen gern verwenden, wäre es nicht aus dem Handel so gut wie verschwunden. Der Baum, von dem man das Behenöl gewann, hieß im Alterthum *Balanos* oder *Myrobalanon*, somit Salbeneichel. Es ist die in Arabien und Aegypten einheimische *Moringa aptera*, deren Früchte, die Behennüsse, durch Auspressen das Oel liefern.

Dioscorides warnt in seiner »*Materia medica*«, einem Werk, das wohl um die Mitte des ersten Jahrhunderts n. Chr. erschien, vor jeder Spur Wasser, die im Oel zurückbleibt, und räth an, das Oel öfter umzugießen in Gefäße, die mit Honig und Salz bestrichen sind. Durch das Salz werde dann alles Wässerige dem Oele entzogen. – Myrrha und andere Balsame, Cardamomen, Calamus, Wurzelstock der Iris, duftende Blüthen und Früchte, wohlriechende Kräuter mußten ihre Aromata an die Oele abgeben. Auch war die Eigenschaft thierischer Fette, sich mit Wohlgerüchen zu beladen, schon bekannt. Allgemeiner Verbreitung erfreute sich namentlich die Rosensalbe, deren Bereitung Dioscorides eingehend schildert. Man setzte den Salben meist Gummi und Harz hinzu, um sie zu färben und auch, wie es hieß, ihren Duft zu binden. Manche Salbe färbte man mit Drachenblut, dem blutrothen Harz des Drachenbaumes (*Dracaena Draco*) oder mit *Anchusa*, wohl dem Farbstoff, den wir aus der Wurzel der *Anchusa tinctoria*, unserer Alkannawurzel, gewinnen. Letzterer wurde auch zum Färben des Rosenöls empfohlen. – Die Zahl der benutzten Salben wuchs ganz außerordentlich, oft mischte man sehr viele Substanzen in einer einzigen Salbe zusammen. Die ägyptische Salbe »*Metopium*« stellte man aus Bittermandelöl her und setzte »*omphalium, cardamomum, juncum, calamum, mel, vinum, myrrham, semen balsami, galbanum, resinam terebinthinam*« hinzu. Soweit die Bedeutung der Namen heute klar gelegt ist, enthielt somit diese Salbe, außer dem Bittermandelöl, das Oel unreifer Oliven, die flüchtigen Oele der Cardamomen, des wohlriechenden Geraniumgrases und des Kalmus, dann Honig, Wein, den Balsam des nordafrikanischen Baumes *Balsamodendron myrrha*, Balsamkörner, d. h. den Balsam der erbsengroßen Früchte des arabischen Balsamstrauches *Balsamodendron giliadense*, das Gummiharz eines persischen Doldengewächses, *Ferula galbaniflua*, endlich das Terpentin der *Terpentin-Pistazie*. Von dem Duft dieser Salbe kann man sich annähernd eine Vorstellung machen, sie muß vorwiegend nach bitteren Mandeln und Balsam gerochen haben. – Man bezog die Salben von den verschiedensten Orten, aus Aegypten, Delos, Mendesium, Corinth, Kilikia, Rhodos, Kypros, später auch aus Neapolis, Capua, Praeneste. Das wechselte je nach Geschmack und Mode. Die Salben waren zum Theil sehr theuer und beschäftigten ein ganzes Heer von Verfertigern und Verkäufern. In den Läden der Salbenhändler hielten sich die Müßiggänger auf. Man wählte beschattete Orte zur Anlage solcher Läden, damit die Salben, die in Gefäße von Blei oder Stein eingeschlossen waren, von der Sonnengluth nicht litten. Der Stein, den wir Alabaster nennen, wurde viel für diese Gefäße verarbeitet, doch scheint die antike Bezeichnung *Alabastron*, wie Reinhold Sigismund in seinem Buch über die Aromata nachzuweisen sucht, sich mehr auf die Gestalt, als auf das Material der Salbengefäße bezogen zu haben.

Bezeichnend für den Mißbrauch, der mit wohlriechenden Salben in Griechenland getrieben wurde, sind die zahlreichen, uns von Athenäus überlieferten Berichte. Er erzählt, daß die Schwelger in Athen jeden Theil ihres Körpers mit einer anderen Salbe einrieben. Aegyptische Salbe diente für Füße und Schenkel, phönikische Salbe für Kinnbacken und Brust, *Sisymbrion*-Salbe für die Arme, *Armaracon*-Salbe für Haar und Augenbrauen, *Serpyllos*-Salbe für Kinn und Nacken. Man kann sich vorstellen, wie so ein menschliches Wesen nach vollzogener Einsalbung geduftet haben mag. Denn die *Amaracon*-Salbe roch nach Majoran, die *Serpyllos*-Salbe nach Thymian, die *Sisymbrion*-Salbe wohl nach einer Minze, die ägyptische und phönikische nach Bittermandelöl und Balsamen. Das war ein ganzer Parfümladen! Dabei glänzte ein solcher Mensch von Fett an seinem ganzen Körper. – Ueber Demetrius Phalereus wird bei dem Symposion des Athenäus berichtet, er habe sich nicht nur den ganzen Körper gesalbt, sondern auch das Haupthaar noch gelb gefärbt, um verführerischer auszusehen. – Bei Trinkgelagen salbte man den Kopf, damit der Wein nicht in die Höhe steige; denn wenn der Kopf trocken ist, hatte Myronides gesagt, wandern die Dünste nach oben. Dazu kamen noch die Kränze, welche den Rausch verhindern, den Kopf kühl erhalten und den Kopfschmerz abwehren sollten. Das mögen die ursprünglichen Epheukränze gethan haben, schwerlich die später benutzten aus duftenden Blumen. Denn diese wurden aus Rosen, Lilien oder Violen (Goldlack und Levkoien) gewunden und von aufwartenden Dienern vielfach mit duftenden Salben noch besprengt. In dem Symposion des Athenäus wird berichtet, daß bei den prunkvollen Aufzügen des Königs Antiochus Epiphanes auf Daphne zahlreiche Frauen mit goldenen Gefäßen einherschritten und aus diesen duftende Salben auf die Menge verspritzten. Derselbe König, den man später spottweise auch Epimanes, das heißt den Verrückten nannte, pflegte in öffentlichen Bädern zu erscheinen, wenn das ganze Volk dort versammelt war. Er salbte sich mit den köstlichsten Oelen. Da sagte denn Einer: »Wie glücklich bist Du, o König, daß Du so wohlriechende Parfüms benutzen und überall einen so angenehmen Duft verbreiten kannst.« Antiochus antwortete ihm nicht, ließ ihm aber am nächsten Tage nach dem Bade ein großes Gefäß mit Myrrhensalbe über den Kopf gießen. Nun wälzten sich auch Andere in dem verschütteten Oele, viele glitten aus und fielen zu Boden, sogar der König, was allgemeine Heiterkeit erregte. Dieser Antiochus muß allerdings recht excentrisch gewesen sein, denn auch die Geschenke, die er vertheilte, waren mehr als sonderbar. Dem Einen drückte er Knöchel, dem Anderen Datteln, noch Anderen Gold in die Hände.

Die Lacedämonier, heißt es, hätten die Salbenhändler und die Färber aus Sparta verjagt, weil die Ersteren das Oel verdarben, die Letzteren die Wolle ihrer ursprünglichen Reinheit beraubten. Lykurg und Sokrates traten gegen den Mißbrauch wohlriechender Salben auf, erreichten aber eben so wenig, wie später in Rom die beiden Censoren Publius Licinius Crassus und Lucius

Julius Cäsar, die, wie Plinius mittheilt, im Jahre 189 v. Chr. ein Edict erließen, daß Niemand »exotische« Salben verkaufen solle.

Die Haare und Kleider der Römerinnen verbreiteten, nach Plinius, so starke Düfte, daß sie schon aus der Ferne die Aufmerksamkeit auf sich zogen. Daß sei um so thörichter, meint er, als dieser theuer erkaufte Genuß weit mehr Anderen zu Gute komme, als dem, der ihn bezahlt hat. Nicht minder beklagt auch Plutarch diese Salbenverschwendung. Er erzählt, wie bei einem Gastmahl, das Salvius Otto dem Nero gab, von allen Seiten her kostbare Salben aus goldenen und silbernen Röhren flossen und die Gäste ganz durchnäßten. Juvenal spottet in seinen Satiren über Crispinus, den Günstling Domitians, daß er schon am Morgen mehr Amomumduft als zwei Leichenbegängnisse von sich aushauche. – Ein besonders lebendiges Bild aus Neronischer Zeit, das auch den Salbenluxus und die Vorliebe für Wohlgerüche zeigt, hat Petronius in dem Gastmahl des Trimalchio entworfen. Sind die Farben auch stark aufgetragen, so entspricht die Schilderung doch den damaligen Sitten, wie sie bei prahlerischen Emporkömmlingen sich besonders geltend machten. Während des üppigen, nicht endenwollenden Mahles, bei welchem die seltensten Speisen in kunstvoller Zubereitung aufgetragen werden, folgen die mannigfaltigsten Ueberraschungen aufeinander. Da plötzlich senkt sich von der Decke ein gewaltiger Reifen, an dem rund herum goldene Kränze nebst Flaschen wohlriechender Essenzen hängen. Sie sind als Geschenke für die Gäste bestimmt. Gegen Ende des Mahles wird die Ausgelassenheit groß, bis der trunkene Trimalchio auf den Einfall kommt, sich die Todtenkleider bringen zu lassen, in denen er wünscht, daß man ihn einst begrabe. Er befiehlt auch, wohlriechendes Wasser zu holen und eine Probe zum Kosten von jenem Wein, mit dem seine Gebeine gewaschen werden sollen. Er öffnet eine Flasche Nardenessenz, bestrich mit derselben seine Gäste und spricht die Hoffnung aus, dieser Wohlgeruch werde ihm nach dem Tode eben so gut thun, wie im Leben. – Petronius gehörte zu den Lieblingsautoren des vorigen Jahrhunderts; um die Mitte desselben hatte das »Gastmahl des Trimalchio«, wie ich Friedländers Einleitung zum Petronius entnehme, schon sechs französische Uebersetzungen aufzuweisen. Am Hofe von Hannover, im Carneval des Jahres 1702, wurde es sogar von fürstlichen Darstellern aufgeführt. Auf Wunsch der Königin Sophie Charlotte von Preußen mußte Leibniz der Fürstin von Hohenzollern-Hechingen diese Aufführung schildern, was in einem französisch geschriebenen Brief vom 25. Februar 1702 geschah.

Gleicher Luxus mit Parfüms wie im Alterthum ist wohl zu keiner Zeit wieder getrieben worden, doch kamen sie an den Höfen von Frankreich und England zeitweise in hohe Gunst. In Frankreich geschah das zur Zeit der Renaissance unter dem Einfluß der italienischen Künstler, die Franz I. und

Katharina von Medicis an ihren Hof zogen. Da wurde in parfümirten Pasten, Pomaden und duftenden Handschuhen vollauf geschwelgt. Die Cosmétiques kamen zu jener Zeit als Schönheitsmittel auf und riefen eine besondere cosmetische Literatur ins Leben. Daß Diana von Poitiers bis in das hohe Alter sich den Reiz der Jugend zu bewahren wußte, ungeachtet sie schon mit dreizehn Jahren an Ludwig von Breze, Großseneschal der Normandie, vermählt worden war, schrieb man cosmetischen Geheimmitteln zu, die ihr Paracelsus verrathen habe. Der Mißbrauch, der unter den Valois mit cosmetischen Mitteln getrieben wurde, rief eine Reaction gegen dieselben hervor; erst unter Ludwig XIII. wußte die schöne Anna von Oesterreich sie wieder in die Gunst des Hofes zu bringen. Da kamen die Pâtes d'Amandes, die verschiedenen Crêmes und Schminken auf, welche der Haut der Damen eine künstliche Färbung verliehen. Ludwig XIV. liebte die Cosmétiques nicht: ihr Gebrauch nahm ab, doch nur, um unter der Régence einen besonderen Aufschwung zu erfahren. Jetzt blühten Geheimmittel, welche die Jugend und Schönheit dauernd sichern sollten. Der berüchtigte Cagliostro nahm von der eben so berüchtigten Dubarry und von anderen Schönen nicht geringe Summen für solche Geheimmittel ein. Trotzdem schminkte man sich unter Ludwig XV. wieder weniger als zuvor und das *»rouge de Portugal en tasse«* röthete nicht so stark die Gesichter. Der Absatz an Schminke hielt sich immerhin auf bedeutender Höhe, so daß im Jahre 1780 eine Gesellschaft fünf Millionen Francs der Regierung für das Privilegium bot, ein Roth besonderer Güte allein verkaufen zu dürfen. Selbst mit violetter Schminke versuchte man es in den Gärten des Palais Royal und hielt ganz Paris dadurch acht Tage lang in Aufregung. – Das hörte gegen Ende des Jahrhunderts, unter dem Einfluß von Marie Antoinette auf; die schreienden Farben verschwanden aus den Gesichtern, und zugleich verlor sich auch der Geschmack an starken Wohlgerüchen; das Zarte mußte sich jetzt mit dem Schwermüthigen, das Keusche mit dem Gefühlvollen im Aussehen der Frauen paaren: so gewann die Parfümerie jenes discrete Gepräge, welches ihr auch heute noch geblieben ist. Nur vorübergehend machte sich ein entgegengesetzter Einfluß der Kaiserin Josephine geltend, die als Creolin die starken Parfüms liebte. Napoleon I. selbst bediente sich nur des Kölnischen Wassers, das er sich jeden Morgen über Kopf und Schultern goß.

Seit dem sechzehnten Jahrhundert war Frankreichs Geschmacksrichtung in der Parfümerie maßgebend für die anderen Völker, im siebzehnten Jahrhundert gelangte sie zur Alleinherrschaft zugleich mit den französischen Moden.

Frankreich und England waren es vorwiegend, welche die Welt mit ihren Parfümerien versorgten. Nur dem Kölnischen Wasser gelang es, als Weltparfüm gegen die Producte dieser Länder aufzukommen. Jetzt erst beginnt Deutschland, wenn auch noch nicht in den »Bouquets«, so doch in den ungemischten Parfüms in die erste Stelle zu rücken. Die Leipziger Erzeugnisse haben in dieser Richtung einen ungeahnten Erfolg erreicht. Außerdem steht Deutschland obenan mit seinen chemischen Producten, die heute in so entscheidender Weise in die Parfümerie eingreifen. Ebenso liefert es vornehmlich der Welt jene antiseptisch wirksamen Stoffe, welche die Cosmétiques verdrängt haben und allein berufen sind, die Gesundheit des Körpers und damit auch die Schönheit des »Teint« in Zukunft zu wahren.

Die Berge strahlten von allen Seiten Licht und Wärme auf die Blumenpflanzungen von Grasse zurück. Es wurde heiß in der Stadt: feiner Staub stieg bei jedem Windhauch in dichten Wolken auf: es roch zu stark nach Santalholz in den Straßen, wir fühlten uns plötzlich reisemüde und traten den Heimweg nach dem Norden an.

Frühjahr 1895.

I.

Der Winter war so lang und so traurig im Norden gewesen, wir sehnten uns nach Wärme und nach Sonne. Doch auch vom Mittelmeer trafen unaufhörlich Hiobsposten ein: die Kälte hielt dort an, die Vegetation hatte gelitten, noch zu Anfang März fiel Schnee, der viele Orte der Riviera mit einem weißen Gewand bedeckte. Da, endlich, siegte die Frühlingssonne: wir erhielten günstige Nachricht, und waren einige Tage später in Cannes. Schon oben in den Alpen begrüßte uns der Frühling, mit leuchtendem Antlitz, mit einer Strahlenkrone ums Haupt. Die Fahrt in dieser sonnigen, zu neuem Leben erwachenden Natur, glich jetzt einem wahren Triumphzug. So kamen wir ans Mittelmeer.

Im Norden schneit es noch immer, und dunkle Wolken decken dort den Himmel, hier aber glänzt die Sonne am blauen Firmament, sie spiegelt sich im Meere, und ihre Strahlen dringen in unser Inneres ein und lösen die grauen Nebel auf, die sich an dunklen Tagen dort angesammelt haben. Auch an der Riviera di Ponente mußten Pflanzen und Menschen von der ungewohnten Strenge dieses Winters leiden. Die meisten Pflanzen erholen sich wieder. Die gebräunten Bougainvilleen an den Häusermauern beginnen stellenweise auszutreiben, sie bilden carmoisinrothe Hochblätter in Büscheln an dem todten Laub. Der Heliotrop durchbricht mit seinen Sprossen den Boden, bald werden frische lebhaft grüne Blätter an den Fächerpalmen die braun gefleckten alten ersetzen. – Auffällig gut haben die Acacien dem Schnee und der Kälte getrotzt, sie sind mit gelben Blüthen über und über bedeckt, wahre Blumensträuße in der sonst noch blumenarmen Landschaft. Denn die Vegetation ist gegen sonst sehr weit zurück, die Rosenstöcke weisen nur geschlossene Knospen auf, während sie sonst von Mitte Winter an hier im Blüthenschmuck prangen. Eine Rose ist in keinem der vielen Blumenläden von Cannes zu erblicken; man müßte sie wohl in den Gewächshäusern des Nordens bestellen; Weniger gut als so viele Pflanzen erholt sich der leidende Mensch, der hier in diesem letzten Winter Linderung, ja Genesung suchte. Tage lang mußte er in Räumen verweilen, die nur dürftig zu erheizen waren. Wie Manchem hat dieser Aufenthalt das Leben gekürzt. Schwerkranke sollten hierher überhaupt nicht geschickt werden.

II.

Wir wollten nicht unten am Meere wohnen in den staubigen Theilen von Cannes; wir zogen den Abhang hinauf, der im Osten die Stadt beherrscht, zur Californie. Ueber den schönen Garten des Hôtel Californien hinweg blicken wir auf die Croisette, jene schmale Landzunge, welche den Golfe de la Nopoule vom Golfe Jouan scheidet. Weiter trifft unser Auge die Ile

St. Marguerite, und bei Morgenbeleuchtung zeichnet sich jedes Haus in dem Fort ab, das diese Insel krönt. Von der Ile St. Honorat ist nur die Kirche sichtbar, im übrigen wird sie von ihrer Schwesterinsel verdeckt. Im Osten, über den blühenden Acacien, steigt an einem Hügel die alte Stadt Cannes empor. Sie gipfelt in ihrem alten Schlosse und bietet dem Auge ein malerisch bewegtes Profil. In weniger schöner Linie folgen die neuen Stadttheile der Bucht, doch diese Linie wird, von hier oben aus betrachtet, durch üppige Gärten der Hügel gebrochen und belebt. Besonders gerne ruht aber unser Blick auf den zackigen Umrissen des Esterel. Dorthin wendet sich unser Auge stets zuerst am Morgen, wenn die Sonne die Gipfel der Berge vergoldet und jede Ortschaft sich blendend weiß am Fuße derselben zeichnet; dorthin schauen wir auch zuletzt am Abend, wenn die Sonne jenseits der langen Kette verschwindet, und ihre Strahlen sich wie ein leuchtender Fächer am Abendhimmel ausbreiten. Dann entzünden sich auch bald die Leuchtthürme längs der Küste, und schon in der Dämmerstunde flammt Cannes mit Tausend Lichtern auf. Dieses Schauspiel wiederholt sich jeden Abend, und wir wurden nicht müde, es zu betrachten.

Zugleich beginnt das Concert der Laubfrösche rings um das Hôtel, jenes Concert, das Jeder kennt, der im Frühjahr die Riviera besuchte. In allen Wasserbehältern versammeln sich um diese Zeit jene Thierchen und locken sich aus der Ferne mit lauten Rufen an. Die auffallende Kraft des Tones wird dadurch ermöglicht, daß das Männchen die schwärzliche Haut seiner Kehle zu einer großen Schallblase auftreibt. Im Uebrigen leben diese zierlichen, lebhaft grün gefärbten Geschöpfe auf den Sträuchern und Bäumen. Es unterhielt uns, ihnen am Tage in dem Garten des Hôtels nachzuspüren, und dann auch festzustellen, wie sehr der Ton ihrer Färbung sich nach ihrer jeweiligen Umgebung richtet. Auf hellen Blättern sind sie hell, auf dunklen dunkel gefärbt und daher stets schwer zu erblicken. Es handelt sich auch thatsächlich bei diesem Farbenwechsel um eine Schutzvorrichtung, die sie den Augen ihrer Feinde entziehen soll. Andererseits werden sie auch nicht von der Beute bemerkt, auf die sie lauern. Es ist belustigend zu sehen, wie der Laubfrosch auf Insecten jagt, mit welchem Geschick er sie fängt und wie hoch er springt, um sie zu erfassen.

Ungeachtet des Regens, der vor Kurzem reichlich gefallen war und trotz des täglichen Begießens, zeichnet sich die Straße, die von Cannes nach Antibes führt, von hier oben gesehen, meist wie ein langer Streifen von Staub zwischen den grünen Gärten aus. Besonders hoch steigt dieser Staub an den Nachmittagen auf, wenn eine Equipage der anderen folgt und neue Staubwolken aufwirbelt. Dieser Staub, von zermalmtem Kalkstein stammend, ist wie Mehl so fein. Ueberall dringt er ein, er erhebt sich zu so bedeutender Höhe, daß er die angrenzenden Bäume bis in ihre Gipfel grau färbt. Diesen Staub athmen nun tagtäglich die vornehmen Gäste von Cannes ein, die meist nach dem Süden reisten, um ihre Lungen zu schonen. Derselbe Staub herrscht nun leider an vielen Orten der Riviera, überall dort, wo das Kalkgebirge bis an die Küste reicht. Doch wer zwingt auch den Kranken, sich auf den Landstraßen zu bewegen oder an denselben zu wohnen! – Ich kann den Staub nicht leiden, wenn ihn auch meine Lunge verträgt; glücklicher Weise ermüde ich aber auch nicht leicht beim Gehen und fühle mich wohler zu Fuß, als im Wagen. So war das Hôtel sehr günstig für mich gelegen. Auf Fußwegen lassen sich von demselben schon in kurzer Zeit Wälder und Maquis erreichen. Dort, auf den mit Kiefern bedeckten Gipfeln von »*la Maure*«, 250 Meter hoch über dem Meere, eröffneten sich die herrlichsten, überraschendsten Blicke in üppig grüne Thäler, nach den schneebedeckten Alpen und über die blaue Küste. Ganz besonders großartig erschienen in diesem Frühjahr die Seealpen. Der Schnee reichte tief an denselben hinab. Man wähnte oft Bilder aus dem Berner Oberland vor Augen zu haben, doch leuchtender, getaucht in den Glanz der italienischen Sonne. So weilte ich denn mit Vorliebe unter den Aleppo-Kiefern oben auf den Höhen von »*la Maure*«; doch mied ich grundsätzlich das »*Observatoire*«, den officiellen Aussichtspunkt, auf welchen am Nachmittag, auf staubiger Straße, die Wagen durch müde Pferde mühsam aufwärts gezogen werden. Dort ist ein Aussichtsthurm errichtet, von dem aus, gegen Zahlung, man die Natur bewundern kann. Meist ist man im Gedränge, und die Musik aus einer nahen Wirthschaft trägt dazu bei, die Stimmung zu erhöhen.

III.

Beim Aufstieg zum »*Observatoire*« schneidet man einen Kanal, der Cannes, Golfe Jouan und Antibes mit Wasser versorgt. Er führt das nämliche Wasser, das die Römer einst in Forum Julii tranken. Sie hatten oberhalb Grasse eine Quelle der Siagne gefaßt und führten das Wasser nach Fréjus in einem gedeckten Aquäduct, der auf seinem Wege einen 50 Meter langen Tunnel, den Tunnel von Roquetaillado, zu durchsetzen hatte. Der moderne Wasserkanal, der in der Richtung von Cannes läuft, steht der römischen Wasserleitung entschieden nach, denn er ist unbedeckt und vor Verunreinigungen somit nicht geschützt. Man kann von La Maure aus diesem Kanal in nordwestlicher Richtung meilenweit folgen. Ein Fußweg führt an demselben entlang. Er steigt ganz unmerklich auf, so daß man fast eben zu gehen meint. In weiten Bogenlinien zieht er sich längs der Berge hin und bietet wechselvolle Ausblicke auf Cannes und das Esterel. Alsbald befindet man sich über Le Cannet, einem Dorfe, das nördlich von Cannes, drei Kilometer entfernt vom Meere liegt und durch nahe Hügel ganz besonders gut gegen Winde geschützt wird. Man schaut da auf große Hôtels hinab, denn Le Cannet ist Station für solche Kranke, die nicht am Meere weilen sollen, weil ihnen die Seebrise angeblich Schaden bringt. Noch weiter gen Norden krönt Mougins einen 260 Meter hohen, isolirten Hügel; ein malerischer Ort, dessen compacte Häusermasse nur von spärlichen Fenstern nach außen durchbrochen wird. Dorthin sollen sich einst die Oxybier zurückgezogen haben, als die Römer die Küste besetzten. Nur eine halbe Stunde Weges trennt Mougins von dem Thurme von Castellaras, der die umfassendste Aussicht auf die Alpenkette bietet.

Von dem Wege am Wasserkanal kann man alle jene Hügel ersteigen, welche Le Cannet von Vallauris trennen. Von da oben sieht man jenseits von Mougins, am Fuß der grauen Kalkalpen, Grasse im Sonnenlichte glänzen; unten im Kessel, nach Osten zu, breitet sich Vallauris aus. Weiter sieht man Golfe Jouan, Antibes, Nizza, die Küste bis in neblige Fernen und oberhalb der Berge die Vallauris schützen, als herrlichsten Abschluß des Bildes, die Schneemassen um den Col di Tenda. Dort baut Italien seit Jahren eine Eisenbahn, welche Turin mit Ventimiglia verbinden soll. Die Bahn ist fertig von Turin bis zum nördlichen Abhang des Passes, dem Orte Limone. Unter dem Col di Tenda läuft jetzt schon ein langer Tunnel, der den Verkehr der Wagen erleichtert. Dann beginnt das Thal der Roja, das bei Ventimiglia das Meer erreicht. Der mittlere Theil dieses Thales ist im Besitze Frankreichs. Ihn soll die Bahn umgehen, und das verursacht bedeutende Kosten. Daher die Arbeiten langsam fortschreiten und die Vollendung der Bahn sich noch kaum absehen läßt. Einst wird diese Bahn ein herrliches Stück Land dem Verkehr eröffnen; denn die Gola di Gandarena, in welcher die Roja zwischen himmelstürmenden Felsenmauern fließt, ist nicht minder großartig wie die Via mala. Bis jetzt war dieser gewaltige Engpaß, einer der imposantesten der Alpen, nur Jenen bekannt, welche den kleinen Badeort St. Dalmazzo di Tenda zur warmen Jahreszeit besuchten, oder die es gar unternahmen, allen Schneemassen zum Trotz, schon im Frühjahr die Fahrt über den Col di Tenda zu unternehmen. Das haben wir einmal gethan und einen unvergeßlichen Eindruck davon getragen. Ist einmal die Bahn von Cuneo bis Ventimiglia in Betrieb, dann bildet sie zugleich die kürzeste Verbindung zwischen der südlichen Schweiz und den Kurorten der Riviera di Ponente. Die Straße über den Col di Tenda ist aber die älteste, die jemals den Gallischen Strand mit den Ebenen des nördlichen Italien verband. Sie existirte schon tausend Jahre vor Christus, zählt somit jetzt achtundzwanzig Jahrhunderte und hieß die tyrrhenische Straße.

Der Ort Vallauris, so unscheinbar er auch ist, hat es verstanden, jetzt eine gewisse Berühmtheit zu erlangen. Er dankt sie seinem farbigen Halbporzellan, seinen »*Faïences d'art*«, die nicht nur an der Riviera, sondern in allen größeren europäischen Städten jetzt die Schaufenster der Läden zieren. Es sind das Thonwaaren mit Zinnglasur, die im starken Feuer gebrannt werden. Die Familie Massier beherrscht diese Industrie. Ueberall liest man diesen Namen über den Lagern und über den Fabriken. Den Fremden, die auf der staubigen Landstraße zwischen Cannes und Antibes umherfahren, fällt das große Lager im Orte Golfe Jouan am meisten in die Augen durch seinen mit bunter Fayence verzierten oder verunzierten Garten.

Bietet Vallauris als Ort auch nur wenig, so bleiben doch die Ausflüge anziehend, die man über die Höhen in dieser Richtung unternehmen kann. Von Vallauris geht man durch eine anmuthige Schlucht hinab nach Golfe Jouan oder durch den Wald, am Abhang der Berge, über Cannes-Eden, unmittelbar nach Cannes. Vielfach begegnet man hier in den Wäldern noch Korkeichen, die weiter nach Osten ganz fehlen. Es hängt das mit den Bodenverhältnissen zusammen, da Glimmerschiefer und Gneis stellenweise bei Cannes noch an die Oberfläche treten und dann die gleichen Vegetationsbedingungen schaffen, wie sie im Maurengebirge gegeben sind.

IV.

Von der äußersten Spitze der Croisette ist die Insel St. Marguerite kaum anderthalb Kilometer entfernt. In zwanzig Minuten kann man sie mit dem Boote erreichen. Zweimal am Tage verkehrt auch ein kleiner Dampfer zwischen dem Hafen von Cannes und den Lerinischen Inseln. Er berührt sie beide, und man kann den Ausflug über die Mittagsstunden ausdehnen, wenn man den ersten Dampfer zur Hinfahrt, den zweiten zur Rückfahrt benutzt. – Wir wollten die Abendbeleuchtung der Küste von den Lerinischen Inseln aus bewundern und nahmen am Nachmittag ein Boot an der Croisette. Voller Sonnenschein füllte den Himmel mit einem Uebermaß von Licht und ließ das glatte Meer gleich einer metallenen Platte erglänzen. Ein bläulicher Dunst lag auf der Wasserfläche. Die gegenüberliegende Insel rückte immer näher. Scharf zeichneten sich auf ihr die Mauern, die das Fort umgeben, welches einst Richelieu erbaute. Oestlich über den Felsen blicken aus der Mauer die Fenster jenes berüchtigten Gefängnisses hervor, das sonderbarer Weise so oft schon die Gedanken der Menschen auf sich zu lenken wußte. Da war der mysteriöse Gefangene eingeschlossen, der als »Mann mit der eisernen Maske« die Historiker und Romanschreiber oft beschäftigt hat. Man nimmt jetzt meist an, es sei das Hercules Anthony Matthioli gewesen, ein Bologneser vom alten Geschlecht, der den Haß Ludwig XIV. sich zugezogen hatte. Matthioli sollte bei Ferdinand Carl IV. von Mantua, dem letzten Herzog aus dem Hause Gonzaga, den Verkauf der Festung Casale Monferrato an Frankreich vermitteln. Nach der Eroberung der Festung Pinerolo beherrschten die Franzosen den Zugang zum Piemont; ihnen hätte der Besitz von Casale auch die fruchtbare Ebene von Mailand eröffnet. Matthioli, der Senator von Mantua war und das Vertrauen seines Fürsten besaß, ließ sich für den Plan gewinnen. Ludwig XIV. empfing ihn an seinem Hofe mit großen Ehren und zeichnete ihn durch ein kostbares Geschenk aus. Dessen ungeachtet verrieth Matthioli die französischen Pläne an Oesterreich und brachte sie so zum Scheitern. Ludwig XIV. erfüllte das mit

Zorn. Es gelang ihm, Matthioli über die Grenzen von Turin zu locken. Er wurde dort überfallen, gefangen genommen und in Fesseln gelegt. Man kerkerte ihn ein, zunächst in Pinerolo, dann in jenem Gefängniß auf St. Marguerite. Da der internationale Rechtsbruch geheim bleiben mußte, war es dem Gefangenen unter Androhung des Todes verboten, sein Gesicht zu zeigen: er trug eine Maske, die thatsächlich aber nicht von Eisen, sondern von schwarzem Sammet war. Im Jahre 1687 kam Matthioli auf die Insel, um zehn Jahre später dem Gouverneur der Festung, dem berüchtigten St. Mars, nach der Bastille zu folgen. Dort starb er am 19. November 1703. – Es heißt, daß nach der Revocation des Edictes von Nantes durch Ludwig XIV. auch protestantische Geistliche in diesem Gefängniß geschmachtet hätten. Napoleon I. setzte umgekehrt einen katholischen Geistlichen, de Broglie, Bischof von Gent, hier ein. Dann gab es weniger vornehme Gefangene, Mamelucken und dergleichen, erst die Einkerkerung Bazaines an dieser Stelle zog wieder die Blicke der Welt auf St. Marguerite. Bazaine gelang es zu entkommen. Seine Frau, eine noch junge Spanierin, und sein früherer Adjutant Willette, der ihn nach St. Marguerite begleitet hatte, ermöglichten seine Flucht. Er ließ sich des Nachts am Seil längs der Felsen nieder und erwartete unten in zerfetzten Kleidern, mit wunden Händen und blutigem Gesicht, seine Frau. Das stürmende Meer verhinderte die Landung des Bootes, das ihn abholen sollte; er mußte sich in das Meer werfen, um es zu erreichen. – Heut war es an diesen Felsen so still, wie auf einem See, und wir landeten ohne Mühe an dem steinigen Ufer. – Der Besuch der Festung lohnt kaum, will man sich nicht etwa an der außerordentlichen Dicke der Mauern und an dem dreifachen Gitter des einzigen Gefängnißfensters erbauen. Durch dieses Fenster hätte Bazaine nicht entkommen können. Er benutzte die mangelhafte Aufsicht, um gegen Abend seine noch offene Zelle zu verlassen. Er verbarg sich im Gefängnißhofe, während seine Zelle zur Nacht leer verschlossen wurde.

Wir zogen in den schönen Kiefernwald, der den größten Theil der Insel deckt, und lagerten dort unter den Bäumen. Die Aussicht landeinwärts ist derjenigen ähnlich, die man von Antibes aus genießt. Nur steigt das Vorgebirge in größerer Nähe auf, und das Bild wirkt heiterer durch die große Nähe von Cannes. Die Schneemassen der Alpen scheinen in der Ferne fast in der Luft zu schweben, gehüllt in jenen leuchtend azurenen Nebel, der dem provençalischen Himmel eigen ist. Von der blauen Fläche des Meeres und den grünen Hügeln der Küste steigt so das Bild in Stufen, bis zu den schneebedeckten Riesen der Alpenwelt empor, in großartig eindrucksvollem Contrast.

Wir ziehen nun quer durch den Wald, nach der entgegengesetzten Seite der Insel, wo uns das Boot erwartet. Jetzt liegt dicht vor uns die Ile St. Honorat. Es ist nur ein enger Meeresarm, der beide Inseln trennt, doch ein Meeresarm, erfüllt mit gefahrbringenden Felsen, die kaum von den Wellen des Meeres gedeckt werden.

Die Ile St. Honorat hieß bei den Römern Lerina. Der heilige Honoratus zog von seiner Einsiedelei im Esterel zu Anfang des fünften Jahrhunderts nach dieser Insel hin. Er fand sie, so berichtet die Sage, mit giftigen Schlangen erfüllt, unter denen zu leben fast unmöglich schien. Doch der Heilige bestieg eine Palme und vertrieb die Schlangen durch den großen Bannfluch, den er über sie aussprach. Zu St. Honoratus gesellte sich bald der greise Caprasius, den spätere Zeiten auch als Heiligen anerkannten. Es strömten von allen Seiten Anhänger herbei, und das errichtete Kloster hatte bald bedeutenden Ruhm erlangt. Der heilige Vincenz, einer der hervorragendsten Mönche von Lérin, verfaßte dort das Commonitorium gegen die Irrlehre, ein Werk, das man auch in unserer Zeit im Streit um das Unfehlbarkeitsdogma öfters citirte, im Besonderen den Satz: »Was immer, was überall, was von Allen geglaubt worden ist, das ist wahrhaft katholisch.« Dem Kloster gehörten auch an: St. Hilarius, der wie St. Honoratus später Bischof von Arles wurde, ebenso St. Maximus, der den Bischofssitz von Fréjus bestieg, dann Faustus, Bischof von Reji, der zu den Heiligen zwar gezählt, dessen Rechtgläubigkeit aber vielfach angezweifelt wurde; dann St. Salvian, St. Valerian, auch die beiden Söhne des heiligen Eucharius: St. Veranius und St. Salonius und viele Andere. Von der kleinen Insel Lerina, die St. Honoré nach dem Begründer ihres Klosters benannt wurde, gingen nicht weniger als zwölf heilige Erzbischöfe, zwölf heilige Bischöfe, zwölf heilige Aebte und vier heilige Mönche hervor. »O gesegnete Einsiedelei, o dreimal glückliche Insel, die du so viel Sprößlinge des Himmels erzogen hast!« *Beata et felix insula Lyrinensis …!* rief daher schon im Jahre 542 der Erzbischof von Arles, Caesarius, der Sohn des Grafen von Chalon, bei seinem Tode aus. Zu Ehren aller dieser Heiligen wurde am 15. Mai ein eigenes Fest, das der Allerheiligen von Lerina, gefeiert. Um das Jahr 690 zählte das Kloster über 3700 Mönche. Wie mögen sie nur alle Platz gefunden haben auf der kleinen Insel, die nur etwa tausend Schritte lang und vierhundert Schritte breit ist! Dieses rasche Aufblühen des Klosters trug die Keime des Verfalles auch in sich; die asketische Lebensweise schwand immer mehr. – Zur Zeit, da der heilige Caesarius dem Kloster als Mönch angehörte, waren die Ordensregeln äußerst streng. Jeder Mönch bewohnte getrennt seine Zelle: es gab weder ein Schlafgemach noch eine Küche. St. Caesarius ernährte sich von Kräutern und von Brühen, die er sich am Sonntag für den Bedarf der ganzen Woche kochte. Das änderte sich später, und schon zu Ende des siebenten Jahrhunderts mußten, wie der Abt Disdier erzählt, die Päpste eingreifen, um der Zügellosigkeit der Sitten unter den Mönchen zu steuern. – Der heilige Aigulf, hieher gesandt, um strenge Zucht im Kloster einzuführen und die Mönche zu besserem Lebenswandel zu bekehren, wurde von ihnen verstümmelt und Seeräubern übergeben. – Dann aber kamen die Saracenen. Sie plünderten im Jahre 732 das Kloster und mordeten alle seine Bewohner. Nur St. Eleutherius blieb am Leben, verborgen in einem unzugänglichen Felsenspalt, in dem er acht Tage lang von Wurzeln und Seethieren sich nährte. Das Kloster blühte noch mehrfach auf, doch die alte Sicherheit und Ruhe waren von der Insel geschwunden, so daß der Abt Adalbert im Jahre 1073 einen starken viereckigen Thurm erbauen ließ, der vom Strande aus gegen Afrika schaut und dauernd das Meer überwachte. Der Thurm war geräumig genug, um alle Mönche aufzunehmen; sie konnten die Klosterschätze darin bergen, dort auch sich wirksam gegen die alten Feinde, Seeräuber und Saracenen, vertheidigen. So kam es, daß das Kloster nicht nur fortbestehen, sondern auch glänzende Zeiten erleben konnte: es hatte noch manchen geistig hochstehenden Abt aufzuweisen. Im sechzehnten Jahrhundert besaß es eines der reichsten Sanctuarien, und seine Bibliothek war weit berühmt. Im siebzehnten Jahrhundert, unter dem Pontificat Gregor XV. begann es endgültig zu verfallen. Als es im Jahre 1788 säcularisirt wurde, zählte es nur noch vier Mönche. Man vertheilte die Klosterschätze an die Kirchen der benachbarten Regionen. Viele Kostbarkeiten verschwanden während der französischen Revolution, so ein silberner Reliquienschrein, der die Ueberreste des heiligen Honoratus enthielt und nach Cannes gekommen war. Dieser kunstvoll gearbeitete Reliquienschrein stammte von Franz I., der nach der Schlacht von Pavia als Gefangener die Nacht vom 21. auf den 22. Juni 1525 im Kloster zugebracht hatte. Im Jahre 1791 wurde das Kloster versteigert und ging, eigen genug, in den Besitz einer Schauspielerin über. Es war das Fräulein Alziary de Roquefort, die unter dem Namen Sainval an der *Comédie française* glänzende Triumphe gefeiert hatte.

Die Insel St. Marguerite hieß bei den Römern Lero. Strabon erzählt, daß ein Heroentempel diese Insel schmückte und daß die Ligurischen Piraten dort Opfer darbrachten. Den Namen St. Marguerite, den jetzt die Insel führt, sucht eine Sage mit dem Namen der Schwester des heiligen Honoratus zu verknüpfen. Von Sehnsucht getrieben, so wird erzählt, kam Margarethe nach Lerina und fiel dem Bruder zu Füßen. Die Ordensregel schloß die Anwesenheit von Frauen auf Lerina aus. Daher St. Honoratus die Schwester nach der Insel Lero brachte, wo sie verblieb und Aebtissin wurde. Margarethe nahm unter einem blühenden Kirschbaum von dem Bruder Abschied, und er mußte ihr versprechen, daß er sie besuchen würde, so oft dieser Kirschbaum blühe. Die Heilige erwirkte dann durch ihr Gebet, daß der Kirschbaum allmonatlich in Blüthenschmuck prangte.

Jetzt gibt es wieder Mönche im Kloster St. Honorat. Das Bisthum von Fréjus hat das Kloster im Jahre 1859 erworben, und zehn Jahre später zogen die Cistercienser hierher. Im weißen Gewande, mit schwarzer Kapuze, schwarzem Gurt und Scapulier schreiten sie in dem Kloster einher. Frauen ist der Zutritt untersagt, doch viel verlieren sie nicht durch dieses Verbot, denn von den älteren Theilen des Klosters blieb fast nichts erhalten, und die Kirche in demselben ist ganz neuen Ursprungs. Weit höheres Interesse beansprucht das außerhalb des Klosters am Meeresstrande aufgebaute, auch den Frauen zugängliche Kastell. Ein mächtiger Bau aus Quadersteinen, der den Angriffen der Zeit getrotzt hat. Nur von wenigen Fenstern nach außen durchbrochen, mit Zinnen besetzt, trägt es deutlich seine einstige Bestimmung zur Schau. Besonders stimmungsvoll hebt sich dieses dunkle Kastell von dem blauen Hintergrund des Meeres ab, wenn es aus einiger Entfernung betrachtet wird, und dunkelgrüne, über den Strand geneigte Kiefern dasselbe umrahmen. Im Innern birgt das Kastell alle jene Räume, die zu einem längeren Aufenthalt der Mönche nothwendig waren: zahlreiche Zellen und ein Refectorium, eine Capelle und eine Bibliothek, vor allem auch eine Cisterne. Diese Cisterne, ganz alter Construction, nimmt die Mitte des offenen Hofes ein; Säulengänge, in mehreren Stockwerken, steigen im Umkreis auf. Eingestürzte Gewölbe, halbverschüttete Räume, verborgene Treppen, die in unterirdische Räume führen, folgen aufeinander und durchschneiden sich in sinnverwirrender Weise. Die Burg ist Kloster und Festung zugleich, so recht ein Product jener Zeit, wo das Kreuz und das Schwert oft von derselben Hand geführt wurden, einer leidenschaftlich erregten Zeit, stark und starr in ihrer Ueberzeugungskraft, der es an schöpferischer That und eigenartiger Poesie nicht fehlte. Auf einer Wendeltreppe besteigt man den Thurm, von dem aus sich eine herrliche Aussicht entfaltet. Man sieht hinab auf die Lerinischen Inseln, die wie grüne Flöße auf dem Meere schwimmen, und überblickt die ganze weite Küste von St. Tropez bis zu den Bergen von Bordighera. Die Insel St. Honorat ist viel kleiner als ihre Schwester; daß der heilige Honoratus sie dessenungeachtet zur Anlage seines Klosters erwählte, war durch die Quelle bedingt, die sie birgt.

Zerklüftete Felsen ragen in der Nähe des Kastells aus dem Meer hervor. Sie heißen die Mönche und bilden einen natürlichen Schutz für die Insel. An ihnen bricht sich die Macht der Wellen, wenn der Südsturm das Meer gegen die Insel treibt. Einige Capellen schmücken den Strand, Ueberreste aus alter Zeit; Marmorfragmente von Säulen und Capitälen sind zwischen Myrten und Lentisken aufzufinden und mahnen an frühere Pracht. Fünfzehn Jahrhunderte lang beherrschten die Mönche diese Inseln sowie auch das gegenüberliegende Festland, jetzt gilt ihre Fürsorge vor allem einem Waisenhaus, das in dem Kloster errichtet wurde und in welchem die Knaben verschiedene Gewerbe erlernen. In diesem Waisenhause befindet sich auch eine Druckerei, in welcher alte kirchliche Werke neu edirt werden. So hat die Druckerei von Lerin dem Papst Leo XIII. zu seinem Jubiläum ein reich verziertes Werk überreicht, welches das Magnificat in »hundertfünfzig« Sprachen enthielt.

Oestlich von der Insel St. Honorat liegt die kleine Felseninsel St. Féréol. Während die beiden größeren Lerinischen Inseln durch Legende und Geschichte wie mit einem Heiligenschein umgeben werden, bildete sich eine seltsame, fast dämonische Mythe um St. Féréol aus. Es hieß, und heißt noch vielfach, daß auf St. Féréol das Grab von Paganini sich befunden habe. Diese Angabe ist in französischen Werken verbreitet. Sie führen an, Paganini sei in Nizza, im Mai 1840, an der Cholera verschieden; sein Sohn Achille habe die Leiche auf einem Schiffe nach Genua geführt, um den Vater an dessen Geburtsorte zu bestatten. Die Geistlichkeit verweigerte aber das Begräbniß dem Manne, von dem es hieß, er habe sich dem Satan verschrieben. Auch das Municipio ließ die Ausschiffung des Körpers wegen Choleragefahr nicht zu. So versuchte der Sohn in Marseille zu landen, doch wieder ohne Erfolg. Als er auch in Cannes abgewiesen wurde, entschloß er sich, den Sarg des Nachts auf die kleine unbewohnte Insel zu bringen und dort, von Stürmen oft umbraust, hat der Todte fünf Jahre lang gelegen. Erst im Mai 1845 kehrte der Sohn wieder, nachdem es ihm gestattet worden war, den Vater zu begraben an der Kirche von Gajona bei Parma, unfern der Villa, die Paganini dort erworben hatte. Diese Erzählung kam mir schon einmal in den Sinn, als ich in dem herrlichen *Pallazzo Doria Tursi*, dem jetzigen *Palazzo del Municipio* in Genua, die Geige Paganinis sah. Das war in den Tagen der Columbianischen Feste, wo die Mitglieder der wissenschaftlichen Congresse im Municipio durch den Sindaco empfangen wurden. Die Geige, eine Guarneri, der einst Paganini dämonische Töne zu entlocken gewußt, bewahrt man wie eine Reliquie in einem kostbaren Schrein; man hatte sie zu dem Feste mit seidenen Bändern in den italienischen Farben geschmückt. Daran dachte ich jetzt, da ich die kleine Insel St. Féréol vor mir im Meere liegen sah. Die heitere Landschaft stimmte freilich nicht zu dem unheimlichen Geiste Paganinis. Wohl aber konnte es ihm behagen auf jenem einsamen Riff, wenn die entfesselten Elemente die brandenden Wogen über die Felsen trieben und der Wind klagend über der Meeresfläche pfiff. Da war es die Natur, welche Schaudergeschichten auf ihrer *G*-Saite spielt, so wie er sie einst auf jener Saite seinen erregten Zuhörern zu erzählen wußte. Ja, das Grab Paganinis paßt sicherlich besser in die wilde Brandung, als auf einen stillen Friedhof, das ist völlig klar! – Wie schade, daß die Geschichte nur erdichtet ist! – In Wirklichkeit starb Paganini in der *Via Santa Reparata* zu Nizza an der Kehlkopfschwindsucht und nicht an der Cholera. Er hatte lange zuvor schon, in Folge seines Leidens, die Stimme eingebüßt. Da er die Sterbesacramente nicht empfangen hatte, verweigerte die Geistlichkeit seine kirchliche Bestattung, und diese konnte erst einige Jahre später erfolgen. Der Sohn Paganinis, der heute noch in Parma lebt, theilt mir mit, daß sein Vater dort auf dem großen Friedhof *della Villetta*, nachdem er, auch im Tode unstät, erst nach Villa-Franca, dann nach Genua gewandert, seit 1876 seine endliche Ruhe gefunden und er – der Sohn – ihm auf seinem Grabe ein würdiges

Denkmal habe errichten lassen, für welches in Genua kein geeigneter Platz gewesen sei. Ueber Paganinis Leben hatten sich die merkwürdigsten Mythen ausgebildet, die durch sein ungewöhnliches Aussehen, seine fast gespensterhafte Magerkeit und sein blasses Gesicht, auf welchem, wie Heine schreibt, Kummer, Genie und Hölle ihre unverwüstlichen Zeichen eingegraben hatten, gefördert wurden. Paganini trug übrigens durch sein excentrisches Benehmen selber nicht wenig zur Verbreitung dieser Mythen bei. Nur einmal, in Paris, fühlte er sich veranlaßt, den Fabeln, die in den Zeitungen über ihn berichtet wurden, entgegenzutreten. In einem Briefe, den er in der »*Revue musicale*« veröffentlichen ließ, schilderte er selbst sein Leben und führte dort den Nachweis, daß er weder seine Geliebte ermordet noch im Gefängniß gesessen, noch sich dem Teufel verschrieben habe. Er schloß mit der Hoffnung, man werde wohl seiner Asche einst die verdiente Ruhe gönnen. Doch auch diese Hoffnung sollte sich nicht erfüllen! Selbst eine Marmorbüste, die man Paganini in der *Villetta di Negro* zu Genua geweiht hatte, verschwand spurlos von jener Stätte.

Wir kehrten nach der Insel St. Marguerite zurück und verweilten dort bis zum Untergang der Sonne. Strahlend verschwand der feurige Ball hinter dem Esterelgebirge. An den hohen Bergen im Norden trieben sich langgedehnte Nebelstreifen umher. Sie deckten die Einschnitte der Thäler, stiegen dann empor bis zum Schnee der Alpen, wurden violett und rosenroth und schwanden spurlos. Scharf zeichneten sich jetzt die riesigen Gipfel in langer Kette an dem blauen Himmel. Bald rötheten sie sich auch, erglühten in Purpur, erloschen allmälig und wurden dann leichenblaß. Des Tages Gluth lastete noch auf dem Meere; seine glatte Oberfläche zeigte jene matten Reflexe, wie sie alten venetianischen Spiegeln eigen sind: dann begann sie die Farbe zu wechseln und schillerte wie Opal. Der Purpur, der von den Bergen schwand, legte sich über den Abendhimmel und überfluthete bald auch das Meer. Geheimnißvoll klagend schlugen seine scharlachrothen Wellen jetzt an die Felsen des Ufers. Der Himmel über den Alpen nahm fahlgrüne Färbung an, und dann wurde es dunkel. Ungezählte Sterne tauchten am Himmel auf, und ungezählte Lichter entflammten längs der Küste. Wir bestiegen jetzt wieder die Barke und glitten still über der Wasserfläche. Eine erfrischende Luft umfloß unseren Körper, drang in unsere Lungen ein und erweckte jenes Gefühl inneren Wohlbehagens, dem man so gern sich hingibt. Wir wechselten kaum ein Wort und brachen erst unser Schweigen, als wir an der Croisette gelandet waren.

V.

Cannes stand unter der Herrschaft der Aebte von Lerin. Sie hatten dasselbe im zehnten Jahrhundert von Wilhelm von Gruetta, einem Sohne von Redouard, Grafen von Antibes, erhalten. Im Jahre 1080 begann der Abt Adalbert die Burg auf dem Hügel, der jetzt die Altstadt trägt, dem heutigen

Mont Chevalier, zu erbauen. Im Kloster von Lerin wurden die geistigen Güter vor Allem gepflegt, daher wohl seine Herrschaft mild gewesen ist. Das beeinflußte die Sitten und Bräuche der Uferbewohner. Während jenseits des Esterels, wo rohe Burgherren herrschten, die Volksbelustigungen in Scheinkämpfen, den sogenannten »*bravades*« bestanden, waren es in Cannes, Vallauris und Antibes die »*romérages*«, das heißt Tänze und ähnliche Spiele, welche die Feste belebten. Bis auf den heutigen Tag haben sich die *bravades* in St. Tropez, die *romérages* in Vallauris erhalten. Wachtthürme längs der Küste waren zum Schutz gegen die Saracenen aufgerichtet. Feuerzeichen des Nachts, weiße Fahnen am Tage, warnten, von den Lerinischen Inseln aus, die Uferbewohner vor den nahenden Feinden. Cannes führte, gedeckt durch das Kloster, dem die Angriffe der Feinde stets vor Allem galten, ein ziemlich ruhiges Dasein, und hatte erst während der Kämpfe Franz I. mit Karl V. schwere Verluste zu tragen. Im Jahre 1580 wurde durch ein Schiff aus dem Orient die schwarze Pest nach Cannes eingeschleppt und verbreitete sich dann über die ganze Provence. Dann gab es noch manches Ungemach im Laufe der Zeiten, so im siebzehnten Jahrhundert, als die Lerinischen Inseln zeitweise in spanische Gewalt geriethen, dann im achtzehnten während der Invasion der Provençe durch österreichische und piemontesische Truppen, besonders aber im österreichischen Erbfolgekriege, während des mißglückten Angriffs der Oesterreicher auf die Provence. – Uebrigens fehlte es auch nicht ganz an komischer Tragik in der Geschichte von Cannes. So berichten die Stadtarchive von einem wilden Thiere, das 1785 das Land und die Stadt mit Schrecken erfüllte. Kein Bewohner der Stadt wagte sich mehr ins Freie. Schließlich wurde eine Schar muthiger Männer bewaffnet, und es gelang ihnen auch an der Grenze der Gemeinde das Thier zu erlegen. Ein solches Thier hatte noch Niemand gesehen; man wußte es nicht zu benennen. Ein heftiger Streit entspann sich nun um das Fell, zwischen den Gemeinden von Cannes, Grasse und Mougin, an deren gemeinsamen Grenzen das Thier gefallen war; es drohte ein ernster Conflict, glücklicher Weise machte der Marquis de Caraman, commandirender General der Provence, demselben ein Ende, indem er das Fell für sich nahm. Nunmehr wurde festgestellt, daß dieses Fell von einer Hyäne stamme; wie jenes Thier sich nach Cannes verirrt hat, ist unaufgeklärt geblieben.

Am Ende des vorigen Jahrhunderts war Cannes zu einer ganz unbedeutenden Ortschaft herabgesunken. Als Horace Benedict de Saussure sie 1787 besuchte, fand er nur ein paar Straßen vor, die fast ausschließlich von Matrosen und Fischern bewohnt waren. Die Schönheit der Lage fiel ihm auf: »*C'est un site vraiment délicieux*« rief er auf dem Hügel von St. Cassien aus, als er den blauen Golf und die grünen Inseln vor sich liegen sah, dann über das üppige Thal der Siagne, gegen Grasse und die grauen Kalkalpen schaute. Auch die Hôtels in Cannes waren damals einfacher als jetzt, dessen ungeachtet es dem Erlanger Professor Heinrich Schubert im Jahre 1822 in einem derselben sehr behagte. Er und »die gute Hausfrau« waren zu Fuß über das Esterel acht Stunden lang bis nach Cannes gewandert und kamen dort recht ermüdet in den heißen Mittagsstunden an. Darauf hin schreibt Schubert: »Wohler und erquicklicher zu Muthe ist es wohl der guten Hausfrau, auf dieser ganzen Reise, bei keinem anderen Mittagessen und in keinem anderen Wirthshause gewesen, als in dem bürgerlichen, für uns daher sehr passenden Wirthshause zu Cannes. Es war das Häuslein gleich eins der ersten in der Häuserreihe am Meeresstrande hin. Zwar zu der oberen Etage, welche fast nur aus dem Zimmer bestand, in welchem wir aßen, führte keine Marmorstiege, sondern eine hölzerne Treppe von außen empor, es stieg sich aber eben so schnell daran hinauf, als auf einer steinernen; der Balcon, an dessen geöffnete Thür wir uns hinsetzten, hatte zwar weder eiserne noch bronzene Umzäunung, sondern nur bretterne, die Aussicht von ihm hinaus auf das unter uns brandende Meer war aber eben so weit und lieblich als von einem steinernen.« »Junge Hühnlein, seit wenigen Tagen erst aus dem Ei gekrochen, die mit ihrer Alten da im Speisesaal und auf dem Balcon herumliefen, pickten die Krümlein von Weißbrod zusammen, die ihnen die Hausfrau auf den Boden streute.« Dann aber, nachdem wir uns an einem trefflichen Mahl gesättigt und ausgeruht, »verließen wir – Strickbeutel und Pflanzenmappe unter dem Arme – unseren Balcon mit der lieblichen Meeresaussicht und die gutmüthigen, billigen Wirthsleute und zogen unter den schattigen Bäumen der Allee, neben dem anbrandenden Meere hinaus auf die Straße nach Antibes.«

Da war es in der That anders in Cannes als jetzt! Den Anfang zu seiner jetzigen Größe verdankt Cannes einem Zufall. Im Jahre 1834, als die Cholera im ganzen Norden von Europa herrschte, sperrte sich Italien gegen dieselbe durch einen Grenzcordon ab. Reisende, die aus Frankreich an diese Küste kamen, mußten mehrere Tage in dem seuchenfreien Cannes verweilen, bevor sie die Grenze am Var überschreiten durften. Unter den Reisenden befand sich auch Lord Brougham, der das Amt eines Lord-Kanzlers von England vor Kurzem niedergelegt hatte und durch den Tod seiner geliebten Tochter tief gebeugt, nach Italien eilte. Ihm gefiel dieser Ort, an dem er nun unfreiwillig verweilen mußte, so sehr, daß er sich entschloß, an demselben zu bleiben. Er ließ sich in Cannes nieder und erbaute auf seiner Besitzung das Schloß Eleonore Louise, das den Namen seiner Tochter trägt. Seinem Beispiel folgten zahlreiche seiner Landsleute, und die vornehme englische Gesellschaft zog sich allmälig von Nizza nach Cannes zurück. Ihr folgte die französische Aristokratie, und allmälig wuchs Cannes zu einem der vornehmsten Kurorte der Riviera an.

VI.

Den Bewohnern des westlichen Cannes können die Ausflüge auf den Höhen der Croix-des-Gardes diejenigen von »La Maure« zum Theil ersetzen. Die

Aussichten sind ähnlich, doch gilt es meist so viel Staub zu schlucken, ehe man sie erreicht! Die Abhänge dieses 150 Meter hohen Hügels sind mit den ältesten Villen des neuen Cannes bedeckt; da lehnt sich auch jener Château d'Eleonore Louise an, der den Grund zu dem modernen Kurort legte. – Man darf es auch nicht unterlassen, den Garten der Villa Larochefoucauld zu besuchen, dessen Zutritt Fremden stets gestattet wird. Man erreicht ihn bald auf der Straße von Fréjus. Die Ausblicke auf das nahe Esterel zwischen den Palmen, Pinien und sonstigen üppigen Gewächsen des Gartens sind zum Theil von hoher malerischer Wirkung.

Ueber alle möglichen, wenn auch nicht immer empfehlenswerthen Ausflüge an den Kurorten der Riviera orientiren jetzt vollständiger wie zuvor die in allerletzter Zeit erschienenen »*Guides Joanne*«. Es gibt jetzt solche »Führer« für Cannes, für Nizza, Mentone, ja selbst für das Esterel, und sie sind einzeln für 50 Centimes oder einen Franc zu haben. Leider sind aber auch in diesen Führern die Angaben über die Wege, die man bei den einzelnen Ausflügen einzuschlagen hat, so mangelhaft und die beigefügten Karten so unvollkommen, daß man sich nur selten zurechtfinden kann.

Ich plante noch einen Ausflug nach dem Cap d'Antibes und stand mit Tagesanbruch auf, um möglichst viel Zeit vor mir zu haben. Ich trat ans Fenster und öffnete die Läden: Der Himmel war mit Wolken ganz bedeckt. Hinter denselben im Osten mußte die Sonne soeben aufgegangen sein. Unentschlossen blieb ich am Fenster stehen. Wird es der Sonne gelingen, die Wolken zu zerstreuen? Leuchtende Stellen tauchten in der Wolkenmasse nach einiger Zeit auf und erweckten freudige Hoffnung. Bald schwanden sie aber wieder, und beklommen blickte ich empor, gedrückt von dem Gefühl, daß es so trüb und traurig den ganzen Tag über bleiben könne. Doch wieder lichten sich hier und dort die Wolken, sie wogen in schweren Massen wie ein bewegtes Meer; plötzlich zerreißen sie an mehreren Stellen, und aus glühendem Rahmen blickt dort der leuchtende Himmel hervor. Es ist, als wäre in den Höhen eine Feuersbrunst ausgebrochen, und als drängen lange Feuerstrahlen aus den Oeffnungen der Wolken hervor, um die See und das Land zu entzünden. Jetzt sind es Stellen im Meer, welche in Flammen aufgehen, dann leuchten die Lerinischen Inseln im rosigen Lichte auf dunkler Woge, dann wieder entzünden sich die Gipfel des Esterel, dann das alte Cannes. Allmälig erblassen die Wolken, sie weichen vor der siegreichen Sonne; sie lösen sich auf im goldigen Nebel und schwinden. Der ganze Himmel erstrahlt in glänzendem Licht.

Wir folgen der Straße von Antibes, von Licht überfluthet. Solche Lichtfülle stimmt den Menschen freudig, erweckt neue Hoffnungen und trägt so sicherlich nicht wenig zur Heilung der hier weilenden Kranken bei. Es ist das der suggestive Einfluß des Sonnenlichtes; andererseits kommen demselben thatsächlich auch antiseptische Wirkungen zu. Intensives Sonnenlicht tödtet die Keime jener niederen Organismen, welche Fäulniß und Zersetzung bewirken. Entsprechende Versuche haben gelehrt, daß eine Aussaat von Bacterien durch Licht sterilisirt werden kann. Setzt man eine solche Aussaat dem Sonnenlichte aus, hält eine andere im Schatten, so werden die Keime der ersteren getödtet und die der letzteren entwickeln sich weiter. Intensives Sonnenlicht sterilisirt demgemäß auch die Wäsche und die Kleider von Kranken. Es sterilisirt auch Seen und Flüsse, falls ihr Wasser nicht zu trüb ist und den Lichtstrahlen das Eindringen nicht verwährt. Die in der Luft schwebenden Keime werden meist von dem Sonnenlicht getödtet. Mit Recht sagt somit ein italienisches Sprüchwort: »*Dove non entra il sole, entra il medico.*« Wäre jenes Sprüchwort nicht begründet, da müßten unausstehliche Miasmen manches südliche Land erfüllen und Infectionskrankheiten ununterbrochen es verheeren. Wie wenig geschieht da meist für die Desinfection. Die moderne Hygiene ist ein Kind nordischer Himmelsstriche, und die peinlichsten Ansprüche an Reinlichkeit und Comfort sind in Ländern erwachsen, in welchen der Nebel meist das Sonnenlicht verhüllt. Während wir unsere Wohnräume nach Möglichkeit säubern, für Desinfection allerorts sorgen, öffnet der Südländer weit seine Fenster und läßt sein ganzes Haus vom Sonnenlicht durchstrahlen. Dazu ist aber dauernd klarer Himmel nöthig. – Bacterienkeime, die vom intensiven Sonnenlichte getroffen werden, halten die Wirkung desselben nur kurze Zeit aus. Die Keime des *Bacillus anthracis*, jenes gefährlichen Bacteriums, das den Milzbrand bei Schafen und Rindern veranlaßt, sind dann schon todt nach wenigen Stunden. Ein englischer Botaniker, Marshall Ward, hatte den Einfall, diese Wirkung des Lichtes auf Bacterienkeime gewissermaßen photographisch zu veranschaulichen. Er breitete Gelatine, die mit Bacterienkeimen versetzt war, auf einer Glastafel aus, stellte vor dieselbe eine durchbrochene Zinnplatte und ließ letztere vom Sonnenlicht bescheinen. Nach wenigen Stunden wurde die Glastafel in einen dunklen, warmen Raum gelegt und dort längere Zeit gelassen. Ueberall da, wo das Sonnenlicht durch die Oeffnungen der Zinnplatte die Gelatine erreicht hatte, blieb letztere klar, weil die Keime in derselben getödtet waren, sie trübte sich an den übrigen Stellen, weil die Keime dort unversehrt blieben und sich zu trüben Bacterienmassen vermehrten. So war das in die Zinnplatte geschnittene Bild deutlich auf der Gelatineplatte zu erkennen. Selbst die Negative gewöhnlicher Photographien konnten benutzt werden, um positive Bacterienbilder zu erhalten, wenn mit besonders empfindlichen Keimen operirt wurde. Ein purpurfarbiges Bacterium der Themse lieferte so hinter den Glas-Negativen englischer Landschaften zwar nicht scharfe, aber doch kenntliche Bilder derselben.

Die ganze Straße von Antibes war jetzt blendend hell von Licht, von jenem grellen Licht, in welches alle Dinge tauchen, wenn die Sonne hoch am Himmel steht. Auf der kreideweißen Straße wurden die Schatten immer kürzer und dunkler, die Halbschatten nahmen blaue Töne an. Die Palmengruppen in den Gärten glänzten so stark, daß sie fast wie fabelhafte Decorationen zu einem Zauberstück erschienen. Es war Fest der Sonne überall in der Natur, und diese festliche fröhliche Stimmung theilte sich uns auch mit. – Wenig Orte in Europa gibt es, die über eine gleich große Lichtfülle verfügen. An dieser goldigen Küste darf sich das Mittelmeer rühmen, Spiegel der Sonne zu sein. An Klarheit der Luft können mit der Gegend um Nizza sich nur Valencia und Alicante messen. Während von dem Eifelthurm in Paris die Aussicht im günstigsten Falle bis auf hundert Kilometer reicht, zeigt hier nicht selten Corsica dem erstaunten Auge seine zackigen Gipfel, die um mehr als 200 Kilometer von dieser Küste entfernt sind. Daher mit vollem Recht der Mont Gros bei Nizza zum Bau eines astronomischen Observatoriums gewählt wurde. Auch regnet es in Nizza durchschnittlich im Jahre nur an 67 Tagen. Der Regen dauert nicht lange, ist dafür oft so heftig, wie in den Tropen. Auch in diesem Frühjahr hatten wir während unseres fünfwöchentlichen Aufenthalts, von Mitte März bis zur zweiten Hälfte des April, nur drei Tage mit anhaltendem Regen hier zu verzeichnen. Wir waren thatsächlich die ganze Zeit über wie in ein Lichtbad getaucht.

Die Straße führte uns an dem Orte Golfe Jouan vorbei nach Jouan les Pins. Nun folgten wir unter Pinien im weiten Bogen dem Meeresstrande. Unser Blick verlor sich im endlosen Meer oder er ruhte auf dem Esterel und den Lerinischen Inseln. Es waren das die alten, liebgewonnenen Bilder in immer neuer Umrahmung. Bald begrüßten wir das Cap und traten in den Garten des Caphôtels ein. Da ist Alles noch so wie es war, derselbe üppige Pflanzenwuchs, derselbe Duft der Maquis. Doch fremdartig blicken uns merkwürdige Bauten von der äußersten Spitze der Landzunge an. Haben die Saracenen wieder das Land erobert und sich am Cap niedergelassen? Das sind doch maurische Bauten, die sich dort erheben, eine Moschee, die mit ihrer schlanken Kuppel in die Lüfte ragt! Eine Mauer sperrt die Spitze des Caps vom Hôtelgarten ab, doch glücklicherweise ist sie schon durchbrochen und nichts hindert uns, weiter vorzudringen.

Es war nicht ein Saracene, sondern ein Pariser, der diese Bauten errichten ließ. Er starb ohne das Ende seiner Werke zu sehen. Sein Wunsch, hier begraben zu werden, konnte nicht in Erfüllung gehen. Die französische Regierung verbot die Bestattung am Cap; die Familie gab daher die Besitzung auf.

So wird denn dieses Stück Orient hier wieder verschwinden, vielleicht Ruinen bilden, die man dermalen als saracenische deuten wird. Der Fischer aber, dem ein Stück Strand nach dem andern entzogen wird, hat vom Cap wieder Besitz ergriffen. Mit sichtlicher Schadenfreude zerstört er die Mauer, die ihm den Zugang zu den Felsen sperrte, auf denen er gewohnt war, von Kind auf zu fischen. Und auch der Fremde, der das Cap besucht, kann wieder ungehindert auf diesen zerrissenen Felsenklippen streifen und dem geheimnißvollen Rauschen der Wogen in den tiefen Spalten des Gesteines lauschen.

VII.

Einige Tage später verließen wir Cannes und siedelten nach dem Cap Martin über. Eine englische Gesellschaft hat vor einiger Zeit dieses ganze Cap erworben und ein Hôtel auf demselben errichtet, das zu den comfortabelsten der ganzen Riviera gehört. Hat man es sonst zu bedauern, daß die schönsten Punkte dieser Küste der Speculation zum Opfer fallen, so ist dies beim Cap Martin nicht der Fall. Denn mit viel Geschick und Geschmack verstand es die englische Gesellschaft, dem Cap seinen ursprünglichen Charakter zu wahren und den schönen Wald von Aleppokiefern, mit dem das Cap bedeckt ist, in einen nicht minder schönen englischen Park zu verwandeln. Sie schonte jeden einzelnen Baum; die Maquis am westlichen Strande hat sie in ihrem ursprünglichen Zustand belassen, fremdartige Gewächse nur in discretester Weise angebracht. Das Hôtel steht auf der Höhe, am südlichen Ende des Caps, noch in den Wald eingeschlossen, von welchem man nur so viel entfernte, als zum Bau des Hauses durchaus nothwendig schien. Auch werden die Grundstücke am Cap von der Gesellschaft nur unter Bedingungen verkauft, die den neuen Besitzer zur Schonung des Waldes verpflichten. So merkt man nicht viel von den entstehenden Villen im Walde, und man muß auf die Höhen steigen, die das Cap beherrschen, um sie zu entdecken. Der Strand sollte frei bleiben, daher keines der verkauften Grundstücke bis zu demselben reicht. Man kann vom Hôtel aus jetzt ungehindert den Wegen folgen, die sich um das ganze Cap ziehen. An dem östlichen Ufer des Caps läuft die Landstraße, die nach Mentone führt; sie ist staubig, und sucht man sie daher nach Möglichkeit auf den Spaziergängen zu meiden. Das kann man auch, wenn man die Straßen einschlägt, die im Walde, am Rücken des Caps, verlaufen. Besonders anziehend und von Staub ganz frei ist aber der Fußweg, der in westlicher Richtung am Cap sich hinzieht. Er folgt auf langer Strecke zwischen Kiefern und würzigen Sträuchern dem Strande. Er ist so schön, bietet so mannigfaltige Ausblicke, daß man nicht müde wird, auf ihm zu wandern. Der Weg steigt auf und ab, immer in unmittelbarer Nähe des Meeres, dicht über zerrissene Felsenmassen. Myrten, Pistacien, Rosmarin umranden ihn, häufig wächst da außerdem der immergrüne Wegedorn mit dunklen Beeren, der *Rhamnus alaternus*, auch das interessante *Cneorum tricoccum* mit kleinen gelben Blüthen, das uns schon aus den Maquis von Antibes bekannt ist, und die würzige Weinraute (*Ruta bracteosa*), die um diese Zeit schon ihre gelbgrünen Blüthendolden entfaltet. Bei jeder Windung des Weges ragen neue Felsen aus dem Meer hervor, immer anders geformt, in unerschöpflichem Wechsel. Ueberall die anbrausenden Wogen mit ihrem Silberrand, hier von tiefem Blau, dort von hellem Grün, dort wieder in violetten Tönen; dann plötzlich vorübereilende Fischerbarken, grell beleuchtet im lichten Schein der Sonne. Die Ruder tauchen wie in flüssiges Metall, und funkelnde Tropfen fallen von ihnen in das Meer zurück. Weite Blicke öffnen sich über die Küste: hier Monte Carlo, sanft vom Meere aufsteigend, dort Monaco auf seinem steilen Fels, darüber, wie auf Wache, die riesige »Tête de Chien«. Ganz in der Nähe liegt am Bergesabhang das Felsennest Roccabruna, in Orangenhaine gehüllt, umrahmt von Cypressen und Carouben. So läßt sich hier genußreich am frühen Morgen wandern, da die Sonne noch im Osten steht, im Schatten der Bäume und des steil aufsteigenden Caps; felsauf, felsab, einmal dicht am Meere, dann über demselben, dann wieder am Strand, wo die Welle bis zu den Füßen rollt. Doch gilt es früh aufzubrechen, denn das Cap ist nicht rein südlich, sondern südwestlich gerichtet, und bald beginnen die Strahlen der Sonne auch den westlichen Abhang zu streifen. Da stellt sich aber der erwünschte Schatten am östlichen Strande ein. Zwischen der staubigen Straße und dem Meere liegt ein Felsenstreifen, auf dem Kiefern wachsen, und wo man, von Staub nicht belästigt, ruhen kann. Auch hier ist der Strand tief zerklüftet und bildet einen bewegten Vordergrund für das Bild, das sich jenseits der Bucht entfaltet. Die Kiefern neigen sich vor über die Felsen, strecken ihre Kronen dem Meer entgegen und fassen hier das weiße Mentone, dort die hohen Gipfel über demselben, dort wieder La Mortola oder Bordighera ein in ihr grünes Laub. Oft stundenlang saßen wir auf diesen Felsen, ein Buch in der Hand, blickten auch häufig über dasselbe hinweg, hinaus in die blaue Fluth. Zeitweise waren es auch Fischer, die unsere Aufmerksamkeit auf sich lenkten. Sie späheten in der Nähe den Fischen nach. Einer saß oben über dem Felsen auf einem Gestell aus drei verbundenen Stangen und schaute unablässig in die Tiefe. Andere lagerten in einem Boot, bereit auf ein gegebenes Zeichen die Netze zu heben. Die Netze waren an einem leeren, quergestellten Boote befestigt und bildeten ein Dreieck, das an einer Seite offen stand. Erblickte der Späher Fische, die in das Dreieck eingeschwommen waren, so zog er an einem Seil und daß Netz schloß sich nun auch an der freigehaltenen Seite. Rasch näherte sich daß Boot dem Ufer, schnitt den Fischen jeden Rückweg ab; die Netze wurden emporgezogen, und meist einige nicht eben große Fische, oft auch nur ein einziges solches zappelndes Geschöpf erkapert. Die Geduld dieser Menschen erweckte in mir besondere Bewunderung. Stundenlang lagen sie da unbeweglich im Boote; den ganzen Tag über hockte der Späher oben auf seiner Stangenpyramide, und die Zeit wurde ihm, wie es schien, nicht lang. Was für ein Gegensatz zu solchen Menschen wie wir, die wir uns den ganzen

Tag über hetzen und aufreiben, keine Viertelstunde unbenutzt lassen und nun hierher kommen müssen, damit unsere Nerven sich wieder etwas beruhigen. Der Mann da oben auf seiner Pyramide erinnerte mich aber lebhaft an einen Seeadler, den ich auf einem hohen Felsen von Antibes, an einer einsamen Stelle des Strandes, einst sitzen sah. Auch er blickte starr in das Wasser, blickte lange und geduldig, ohne auch nur den Kopf zu bewegen, stürzte sich dann wie ein Pfeil hinab in die Fluth und stieg auf in die Wolken mit einem Fisch in den Krallen.

Das Hôtel am Cap Martin ragt über die Bäume des Waldes empor. Südwärts eröffnet es die Aussicht auf das weite Meer. Nordwärts gestattet es, über den gewölbten Kuppeln des Waldes, der ganzen Bergkette zu folgen, welche diese Küste schützt. Da reihen sie sich an einander diese gewaltigen Berge vom Mont Agel im Osten, bis zum Berceau im Westen; die mächtigsten Kalkriesen liegen in der Mitte und schneiden mit scharfem Grat in den blauen Himmel ein. Jeden Abend waren unsere Blicke auf sie gerichtet, wenn die schwindende Sonne ihre Gipfel röthete, ein Gipfel nach dem andern dann langsam erlosch. Oefters stiegen wir auch gegen Abend zum östlichen Strande hinab, um die Beleuchtung der Küste zu schauen. Während tiefer Schatten schon Mentone deckte, flammte im purpurnen Lichte noch Alt-Bordighera. Ein Liebling der Sonne an dieser goldigen Küste, empfängt es am Abend ihren letzten Gruß.

Wenn es dann ganz dunkel war, zogen wir nochmals ans Meer. Es galt Mentone und Monte Carlo in ihrem Lichterschmuck zu betrachten. Monte Carlo im Besonderen sieht dann ganz feenhaft aus. Tausende von Lichtern drängen sich am Fuße des Berges zusammen, der einen dunklen Schatten auf den bestirnten Himmel wirft. Ich schaute oft in dieses Bild, und es war mir wohl, als hätte ich es lange zuvor schon gesehen. Doch wo und wann? das wußte ich nicht mehr zu finden. Da plötzlich, sah ich es ganz lebhaft wieder vor mir, das alte Bild, so wie ich es mit Kinderaugen geschaut hatte. Es war ein gemaltes Bild von Neapel in einem kleinen Panorama, das ich am Weihnachtsabend einst bekommen hatte. Hielt ich es gegen ein Licht, dann leuchteten unzählige Flammen in Neapel auf und erregten meine kindliche Phantasie. Es waren Nadelstiche, welche das Bild durchsetzten. Wie in jenem Bilde Camaldoli über Neapel, so ragte hier die Tête de Chien über Monte Carlo hervor; und wie die Lichter am Posilip, so stiegen hier die leuchtenden Punkte am Felsen von Monaco in die Höhe. Wie stark sind doch solche Eindrücke der Kindheit! Was hat nicht Alles dieses geplagte Hirn seitdem in sich aufnehmen müssen, und doch war das alte Bild nur verdeckt, nicht ausgelöscht, und tauchte wieder auf, als ein äußerer Anstoß es zum Bewußtsein brachte.

Dort, wo das Cap Martin die breite Küste erreicht, ist es mit schönen alten Oelbäumen bedeckt. Da sind sie wieder da, diese phantastisch verschnörkelten Stämme, von denen keiner dem andern gleicht. Sie werden um so mächtiger und schöner an dieser Küste, je weiter man sich vom Esterel entfernt. Welch ein Unterschied zwischen den armseligen Bäumen der Rhônemündung und jenen Riesen hier, die ihre Kronen stolz in die Lüfte erheben. So muß man sie gesehen haben, um sie zu würdigen und sie zu lieben; auch ist die Lichtfülle dieser sonnigen Gegenden nöthig, damit ihr Laub nicht grau und traurig, sondern silbern und leuchtend erscheine. Daher der Olivenwald ein höchst stimmungsvolles Element dieser Landschaft bildet. Da die Blätter des Oelbaumes nicht groß sind und seine Belaubung nie dicht wird, so herrscht im Olivenwalde ein Zwielicht von ganz eigenem Zauber. Jeder Windhauch bewegt dieses Laub, und dann zittern die einzelnen Lichter auf den Bäumen, sie huschen wie Leuchtkäfer über den Boden, und es belebt sich plötzlich die Einsamkeit.

Trotz seiner scheinbar exponirten Lage ist das Cap Martin gegen die Nordwinde und den Mistral sehr gut gedeckt und nur den Ostwinden preisgegeben. Daß die hohen Berge im Norden und im Westen das Cap erfolgreich gegen Kälte schützen, hat der letzte strenge Winter gelehrt. Es lag fast kein Schnee auf dem Cap, während er Mentone deckte, und weder Bougainvillea noch Heliotrop haben an dem Hôtel du Cap gelitten. Die Pflanzen sind aber die sichersten Weiser für das Klima. Die Bougainvilleen und der Heliotrop sind an den meisten Orten der Riviera im letzten Winter erfroren oder büßten ihr Laub doch ein. Auch die strauchartige Wolfsmilch (*Euphorbia dendroides*), die überall am westlichen Abhange des Cap Martin wächst, zeigt durch ihre kräftige Entwickelung an, wie günstig die klimatischen Verhältnisse hier für sie sind. Man muß nach dem südlichen Sardinien gehen, will man noch größere Exemplare dieser Pflanze sehen. In dem nahen Mentone zeugen für das milde Klima dieser Region vor allem die üppigen Citronenwälder. Der Citronenbaum kann Temperaturen unter −5° C. nicht vertragen. Seine Früchte erfrieren schon bei −3° C. Man denke sich die Aufregung der Leute in diesem letzten Winter, wo das Thermometer wiederholt unter 0° sank. Der Besitzer eines größeren Citronengartens erzählte mir, er habe in den kalten Nächten viele Stunden am Thermometer gestanden und mit Angst auf die Quecksilbersäule gestarrt, ob sie nicht noch weiter falle. Noch einen halben Grad tiefer und die Einnahme des ganzen Jahres war verloren. Thatsächlich sind an vielen Stellen bei Mentone im letzten Winter die Citronen, nicht die Bäume, wohl aber die Früchte erfroren. Es geschah das besonders am Ausgang der Thäler, wo der Schutz gegen Norden unvollkommen ist. Dort sollten Citronen überhaupt nicht gebaut werden; doch die Leute vergessen die Vorsicht, wenn viele aufeinander folgende Winter mild gewesen sind. Für gewöhnlich berühren ja die kalten Nordwinde die Küste nicht, sie erreichen erst in einigen Kilometern Entfernung das Meer, und ist es eine häufige Erscheinung, daß das Meer dort stürmisch ist, während volle Windstille an der Küste herrscht. Die Orangen haben bei Mentone auch in diesem Winter nicht gelitten. Diese Frucht kann bei bedecktem Himmel −4° C. aushalten, und die Kälte muß längere Zeit −6° C. betragen, damit der Baum getödtet werde. Daher bei Cannes wohl Orangenbäume, nicht aber Citronenbäume zu sehen sind, und selbst an den Orangenbäumen war bei Golfe Jouan das Laub zum Theil erfroren. Auch der Johannisbrotbaum ist gegen niedere Temperaturen sehr empfindlich, und zeugt somit, wenn stattlich entwickelt, für ein mildes Klima. Schöner und üppiger kann man ihn aber an der Riviera nicht sehen, als auf der Strecke, die von Villefranche bis San Remo reicht.

An schönen, sonnenklaren Tagen pflegt an der Riviera gegen acht Uhr Morgens die Seebrise sich zu erheben. Dann wird es meist kühler als zuvor. Nach Anbruch der Nacht fällt dann die Luft von den Bergen ab, der Landwind stellt sich ein. Zwischen den Zeiten der beiden Winde herrscht oft völlige Ruhe. Die italienischen Fischer bezeichnen sie als »*bonaccia*«, weil sie die wenigste Gefahr in sich birgt. – Auffällig ist es dem Fremden, wenn gegen das Frühjahr der sonst so heiße Scirocco an der Riviera von Schnee begleitet ist. Es geschieht das freilich selten, kann aber erfolgen, wenn auf den hohen corsicanischen Bergen sich große Schneemassen anhäuften.

Auf der ganzen Strecke von Villefranche bis San Remo sieht man fast keine laubwerfenden Bäume. Daher man hier weit weniger an den Winter gemahnt wird, als weiter im Süden, ja selbst in Neapel. Dort dominirt der Feigenbaum und der Weinstock, so daß der Posilip uns einmal im März fast kahler erschien, als das Rheinthal, das wir kurz zuvor verlassen hatten.

Die Nächte waren jetzt vom Mondschein erhellt, und die Berge glänzten in magischer Beleuchtung: Ein mächtiges Amphitheater, dessen scharf gezähnte Gipfel sich wie feine Spitzenarbeit vom Himmel abhoben, in welchem tief unten die Lichter von Mentone funkelten.

Dieser Vollmond sollte uns Ostern bringen. Wir gingen des Abends an den Strand, um ihn zu erwarten. Es war ganz dunkel auf den Felsen am Meere, einsam und still. Flach ausgebreitet lag vor uns die weite See und schien fast zu schlafen. Oben breitete sich das Himmelsgewölbe aus, fast schwarz, doch besäet mit ungezählten Sternen, die sich mit silbernen Streifen auch im Meere spiegelten. Es schien, als sei die Natur gespannt auf ein Ereigniß, das da kommen sollte: so still und feierlich war es rings umher. Kein Grashalm erzitterte. Die Kiefern streckten aber ihre Kronen vor nach der See, als wollten sie weit über die Fluthen hinaus in die Ferne lauschen. Die würzigen Düfte der Maquis senkten sich langsam zur See hinab, wohl um ihr duftigen Weihrauch zu streuen. Vielleicht war aber nur unsere Seele von Erwartung voll, und wir trugen diese Empfindung hinaus in die weite Welt. – Plötzlich tauchte ein rother Streifen im Osten über dem Wasser empor. Er nahm an Breite zu und bald warf er den ersten leuchtenden Strahl über die schwarze

Fluth: es war, als wolle er sie liebkosen. Die Fluth erzitterte unter diesem Strahl und legte sich in sanfte Wellen, wohl um ihn einzuwiegen. Der Mond tauchte ganz aus dem Meere hervor, mit geröthetem Antlitz, wie verschlafen. Quer gedehnt, mit geschwollener Backe sah er fast lächerlich aus. Doch rasch rundete sich sein Antlitz ab, nahm leuchtende Silberfarbe an und schüttete Licht in Fülle über die Meereswellen aus. Und während er höher stieg, erblaßten die Sterne. Nur die Größten vermochten ihm noch ins Antlitz zu schauen, die anderen verloren sich in den Tiefen des Himmelsgewölbes. Am Strand, wo sich die Wellen an den Felsen brachen, da funkelte und blitzte es von unendlichen Lichtern, als hätten alle die Sterne, die am Himmel schwanden, sich hier gestürzt in die Tiefe. Ein breiter silberner Fluß zog sich vom Strande bis an die äußersten Schranken des Meeres. Stellenweise war er von glatten Streifen unterbrochen, die wie Opal ihre Farbe wechselten. Vorübergehend tauchten düstere Barken in das Mondlicht ein, wie dunkle Silhouetten auf Silbergrund. Der Mond stieg immer höher über die Fluthen und setzte in weitem Bogen seinen Siegeszug am Himmelsgewölbe fort. Bald begann sein Licht auch in die tiefsten Spalten des Strandes einzudringen und die zerrissenen Felsen traumhaft zu beleuchten. Da sah es denn aus, als wären die schaumgekrönten Wellen eines erregten Meeres versteinert stehen geblieben, oder man meinte in einen zerklüfteten Gletscher der Alpen zu blicken; dort zauberten schmale Felsengrotten der Phantasie einen arabischen Friedhof vor, dort endlich eine Schar von Pilgern, die im weißen Gewande von den waldigen Höhen gegen das Meer zu wanderten. In allen Buchten sprüht es aber Funken, die Lichter schwimmen an der Oberfläche oder sie sinken unter; bald verschmelzen sie mit einander, bald trennen sie sich wieder, in endlosem Spiel.

In den Ostertagen rückte ein Nordsturm heran. Mit ungewohnter Gewalt stürzte er sich auf die Felsenriesen, die Mentone schützen und suchte ihren Widerstand zu brechen. Da entspann sich ein gewaltiger Kampf zwischen diesen Titanen und den entfesselten Elementen: es heulte und zischte in den Lüften. Wir sahen den rauhen Winter über unseren Köpfen schweben, während wir uns noch im milden Frühling befanden. Der Norden warf seinen kalten Schnee den Felsenriesen gegen das Haupt. Sie schienen zeitweise zu weichen. Ein kalter Luftstrom ergoß sich über das Cap. Die aleppischen Kiefern schüttelten bedenklich ihre Häupter, die Wellen des Meeres flohen wie entsetzt mit schäumender Mähne von dem Lande. Bis in die Nacht hinein zitterte und bebte das Cap. Dann wurde es still, bald leuchteten die Sterne und am nächsten Morgen standen sie wieder da im goldigen Sonnenschein, die Riesen über Mentone, zwar mit Schnee noch bedeckt, doch siegesbewußt, stolz ihre Felsenhäupter zum Himmel erhebend.

Dieser Sonnenschein sollte leider nicht dauern; das Gleichgewicht in den Lüften war gestört. Bald zog der Ostwind heran, und das Wetter verdarb sich. Das erleichterte uns die Trennung von der Riviera. Dicke Regentropfen fielen vom Himmel und tränkten die durstige Erde. Wir aber konnten von hier in dem süßen Wahne scheiden, es weine uns dieser Himmel, den wir so liebgewonnen, einige Thränen zum Abschied nach.